JN025798

演習で身につける

統計学入門

藤川 浩 著

⚞ 技術評論社

本書記載の情報は、2021年8月現在のものを掲載していますので、ご利用時には、変更されている場合もあります。ソフトウェアはバージョンアップされる場合があり、本書での説明とは機能内容や画面図などが異なってしまうこともありえます。

本文中に記載されている製品名、会社名は、すべて関係各社の商標または登録商標です。

はじめに

　現在社会においては仕事の内容が事務系であろうと技術系であろうと、対象とするデータを統計学的に処理して結論を求められることがしばしばあります。大学生が実験や調査を行う場合もその状況は同じです。得られたデータの統計処理には表計算ソフトウェアや統計解析プログラムを使うことが多いと思われます。しかし、どのような考え方で統計処理は行われるのか、実際にデータを統計処理する際に果たしてどの手法が正しいのか、また得られた解析結果をどのように理解し、判断すればよいのか、などのさまざまな疑問も当然生まれると考えられます。このようなときに、統計学の理解力の有無が大きく影響します。

　本書は数学や統計学の特別な知識を持たなくとも、四則演算のみを使って統計学基礎を説明していきます。本書の内容は統計学基礎を中心にした平易なレベルで、これまでの伝統的な統計学を解説していきます。一方、本書の後半では現在データ処理で多く使われている、回帰分析およびベイズ統計学も解説します。

　統計解析は対象データから得られた平均、標準偏差などを使って行われてきました。しかし、統計解析をする際、対象とするデータが本来持つ分布を考える必要があります。本書ではこの分布を考えながら、解説していきます。

　本書は多くの例題及びクイズを載せています。つまり、平易な問題を数多く解くことによって統計解析の基礎力が身につくようにしています。いくら優れた統計学の解説書を読み進めても問題が正しく解けなければ、実際の統計解析はできません。

　また、本書では多くの人が使っているMicrosoft Excelを使って説明し、必要なエクセルファイルを本書のサポートページ（https://gihyo.jp/book/2021/978-4-297-12331-4/support）で公開しています。それらのファイルは本文の該当する箇所に例えばEx6-1 z testのように示しています。

　なお、本書は以下の書籍を参考にして作成されました。

薩摩順吉　1989　『理工系の数学入門コース7　確率・統計』　岩波書店

Lipschutz, S. and Lioson, M. 2007『Discrete Mathematics. 3rd ed.』McGraw-Hill.

涌井良幸、涌井貞美　2010　『統計解析がわかる』　技術評論社

涌井良幸、涌井貞美　2016　『身につくベイズ統計学』　技術評論社

藤川浩、小泉和之　2016　『生物系のためのやさしい基礎統計学』　講談社

藤川浩　2019　『実践食品安全統計学』　NTS

目　次

データの扱い方

　私たちは様々な目的のために調査や実験、検査を行い、そこからデータを得ます。そのデータを解析して結論を導きます。現在社会では多くの分野でこのようなデータ解析によって得られた根拠に基づいた結論が要求されています。そのデータを解析する研究分野が統計学です。コンピューターの発達によって大量のデータを収集でき、しかも瞬時に解析できるようになった現在、統計学は技術系や事務系、または理系文系に関係なく私たちに必要なスキルとなっています。また、統計学自体も日々進歩し、古典的な比較検定以外に様々な推定や予測に使われています。

1．データの種類

　データは大きく質的データと量的データの二つに分けられます。質的データは例えばサンプルを検査して陽性か陰性かという結果のように、二つまたはそれ以上のグループに分けることができます。量的データは例えばある中学校の生徒の体重などのようにその数値の大きさに意味があります。さらにこれらの数値をある基準、すなわち尺度で分類すると、質的データは名義尺度と順序尺度に、量的データは間隔尺度と比率尺度に分けられます。これらの4つの尺度は次のように定義されています。

(1)名義尺度

　名義尺度とはデータに単に名義的な数値を与えるものです。例えば男性に1、女性に2という数値を当てはめる場合がこれに当たります。数量が記号としての意味しかもちません。

(2)順序尺度

　順序尺度は順番に意味のある尺度です。例えば合唱コンクールで1位、2位、3位などと数値を与える場合です。ここで1位は2位よりも優れているなどのような順番、順位を示します。

⑶間隔尺度

　間隔尺度は順序付けができ、さらに数値の間隔に意味がある場合です。例えば温度は間隔尺度です。ここで10℃から20℃までの間隔は60℃から70℃までの間隔と同じ10℃あるという意味しか持ちません。温度が10％上昇したなどとは言いません。

⑷比率尺度

　比率尺度は間隔尺度にさらにその値が0となる原点をもたせたものです。例えば、体重は比率尺度です。数値の差とともに数値の比にも意味があります。ある生徒の体重が40kgから50kgに10kg増えた場合、25％増加したという意味を持ちます。

　ただし、量的データをある基準を基に2つに分けたとすると、これは質的データになります。例えばサンプルを検査してその測定値が基準を超えた場合は陽性、基準以下であった場合は陰性をする場合があります。

例題 1

　　次の下線の数字の中で量的データはどれですか。
　ある高校の <u>1</u> 年でクラス対抗のバスケットの試合で <u>2</u> 組が勝ち、そのスコアは <u>86</u> 点でした。

　解答　量的データは86です。なお、1と2は順序尺度、86は間隔尺度です。

クイズ1

　次の下線の数字の中で量的データはどれですか。
　ある小学校 <u>3</u> 年 <u>1</u> 組のA君の出席番号は <u>14</u> 番で、英語の偏差値 <u>78.2</u> は学年で <u>3</u> 番目でした。

　一方、私たちの得るデータは実験であればその測定条件下での結果であり、調査であればその調査時点での結果です。もう一度実験あるいは調査を行うと、前回の結果から離れた結果が得られる可能性もあります。その意味で得られたデータはみな「条件付き」といえることに注意が必要です。とはいえ、適切な方法で得られたデータを正しく統計解析した結果は十分

な信頼性があることに疑う余地はありません。

2. 記述統計学と推測統計学

　統計学は記述統計学と推測統計学の2つに大別できます。記述統計学は対象とする集団から得られたデータをその集団の解析するためにそのまま使う統計学です。推測統計学は得られたデータをその集団の一部と考え、そのデータから元の集団の性質を推測しようとする統計学です。推測統計学の方がより意味のある結論が得られますが、その前に記述統計学について理解しておく必要があります。この章では記述統計学について説明します。

3. 度数分布とヒストグラム

　実験や調査で得られたデータを整理し、視覚化すると、そのデータ全体の特徴がよくわかります。そのための方法として度数分布表とヒストグラムがあります。

　度数分布表ではまずデータをその値に従って複数の均等な区間に分けます。次に、その各区間に入るデータの数を数えて表にします。この区間を階級、各階級に入っているデータ数を度数といいます。各階級を代表する値を階級値とよび、一般にはその区間の中央の値を指します。区間すなわち階級の幅を小さくするほど階級の数は増えるので、データ全体を説明しやすい適度の幅が必要となります。

　例えば、クラスAの生徒16人の体重（kg）のデータ {35.2, 38.6, 40.2, 38.5, 38.5, 35.9, 36.2, 36.7, 42.2, 40.6, 39.1, 44.7, 42.4, 39.7, 32.4, 35.2} を度数分布表に表わすと 表1 のようになります（本書で使うファイルはすべて本書のサポートページhttps://gihyo.jp/book/2021/978-4-297-12331-4/supportからダウンロードすることができます。今回のデータはそのフォルダの中のEx-1 weightsのダウンロードファイルにデータがあります）。

　度数分布表で、累積度数は各階級での度数を最も小さい階級から足していったものです。最終的に全度数となります。また、相対度数は各階級の度数を全度数で割った値です。例えば、表1 で階級40以上42未満では度数は2であるので、全度数16で割ると相対度数は2/16＝0.125となります。これらを足していった値を累積相対度数といいます。例えば、表1 で階級

表1 クラスAの生徒の体重の度数分布表

階級	階級値	度数	累積度数	相対度数	累積相対度数
30以上32未満	31	0	0	0	0
32以上34未満	33	1	2	0.125	0.125
34以上36未満	35	3	4	0.125	0.25
36以上38未満	37	2	6	0.125	0.375
38以上40未満	39	5	11	0.3125	0.6875
40以上42未満	41	2	13	0.125	0.8125
42以上44未満	43	2	15	0.115	0.9375
44以上46未満	45	1	16	0.0625	1

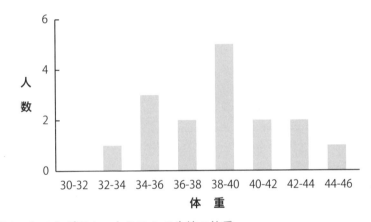

図1 ヒストグラム：クラスAの生徒の体重

36以上38未満では0.125＋0.125＋0.125＝0.375となります。最終的な累積相対度数は全相対度数を合計するので1となります。なお、度数分布表によってその階級に属する度数はわかりますが、個々のデータ（ここでは各生徒の体重）は消えてしまいます。

　度数分布表の各階級での度数を棒グラフにしたものがヒストグラム（Histogram）です。すなわち、横軸に階級、縦軸にその度数をとります。ヒストグラムによってそのデータの分布が直感的につかみやすくなります。

図1に表1から作成したヒストグラムの例を示します。生徒の体重の分布がほぼ山型をしていることが一目で分かります。データの持つ分布を知ることは後述するように統計解析を行う上で非常に重要なポイントになります。

クイズ2

ある市の住民9名を無作為に選び、その年収（単位：万円）を調べると、次のような結果となりました。このデータを使って、度数分布表を作り、次にヒストグラムを作成しなさい。
789, 344, 604, 499, 1960, 418, 1033, 851, 890

なお、データの分布を考えない統計学もあります。分布がどのような分布にも当てはまらないような場合です。この場合はデータを大きさの順に並べ替えてその順位から解析します。これをノンパラメトリック統計学といいますが、本書では扱いませんので、他の書籍を参考にしてください。

4. データの代表値

得られたデータの分布の特徴はいくつかの代表値によっても表わすことができます。よく使われる代表値として、平均（値）、中央値、最頻値があります。

4.1. 平均

データの代表値として最も多く用いられるものが私たちのよく使っている平均（Average）です。n個のデータ $x_1, x_2, x_3, \cdots, x_n$ が得られたとき、その平均値は式(1)のようにそのデータの値をすべて合計し、それをデータの個数で割った値です。

$$\overline{x} = \frac{x_1 + x_2 + \cdots + x_n}{n} = \frac{1}{n}\sum_{i=1}^{n} x_i \tag{1}$$

ここで、平均$\overline{x}$はエックスバーとよびます。また、シグマΣは総和を表します。iは自然数を表し、ここでは1, 2, $\cdots$, nまで変化します。その都度x_i、すなわち$x_1, x_2, x_3, \cdots, x_n$を足していきます。

例えば、上記のクラスAの生徒の体重では式(1)を用いると $(35.2 + 38.6 + \cdots + 35.2) \div 16$ より平均は38.5（kg）と計算されます。

しかし、データの中にはその他の値と比べて極端に高く（あるいは低く）離れた値、すなわち外れ値が得られることがあります。平均は外れ値があると、その影響を受けることがあるので、注意が必要です。

Σを使った計算は次のように行います。

$$\sum_{i=1}^{5} i = 1+2+3+4+5 = 15$$

この例ではiが1から2，3，4，5までの整数の値をとるので、各項の値をそのまま足し算を行ないます。

$$\sum_{i=2}^{5} i = 2+3+4+5 = 14$$

この例ではiが2から2，3，4，5までの値をとります。

$$\sum_{i=1}^{4} i^2 = 1^2+2^2+3^2+4^2 = 1+4+9+16 = 30$$

この例はiが1から2，3，4までの値をとり、その2乗の項を順次足していきます。

　一方、定数のみの場合は次のようになります。

$$\sum_{i=1}^{5} a = a+a+a+a+a = 5a$$

つまり、iを含んだ項がない場合は定数aのみを考え、それをiに従い順次足していきます。
また、定数とiとが和の形で表される場合は、それぞれ分けると計算し易くなります。

$$\sum_{i=1}^{3}(a+i) = \sum_{i=1}^{3}a + \sum_{i=1}^{3}i = (a+a+a)+(1+2+3) = 3a+6$$

定数とiとが積の形で表される場合は、両者を順番に対応させて計算します。

$$\sum_{i=1}^{3} ai = 1a+2a+3a = 6a$$

第1章　データの扱い方

次の計算をしなさい。ただし、b は定数です。

1. $\displaystyle\sum_{i=2}^{6} i$　　　2. $\displaystyle\sum_{i=2}^{4} i^2$　　　3. $\displaystyle\sum_{i=1}^{5} 2$

4. $\displaystyle\sum_{i=1}^{4} bi$　　　5. $\displaystyle\sum_{i=1}^{8} b$　　　6. $\displaystyle\sum_{i=1}^{4} (b+i)$

■　**参考**　■　　**移動平均** ··

　株価、気温などのようにデータの数値が日々刻刻時間によって変動する場合、一つ一つの数値を追うと全体的な傾向（Trend）がつかみづらいことがあります。そのような場合はデータの移動平均（Moving average）を見ると、わかりやすくなります。移動平均とはその直近の連続したデータの平均をいいます。例えば、国内のコロナウイルス陽性者数は2020年から公表されていますが、その陽性者数を直前7日間のデータから平均をとり、順次更新してグラフにしたものが図2です。日々変動する数値に左右されることなく、移動平均によって陽性者数の変動傾向がつかみやすくなります。移動平均は株価、為替レートなどの分析に活用されています。移動平均を計算する際の期間は対象の特性に合わせて異なります。例えば、株価では50日平均、75日平均などがあります。

　また、一つ一つのデータに重み付け（加重）という操作をして移動平均を求める場合もあります。例えば、毎回最初の値には0.7、2番目の値には0.8、3番目の値には0.9、…を掛けて（重みを付けて）移動平均を求めるという手法です。

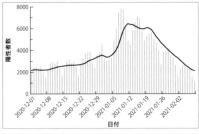

図2　国内のコロナウイルス陽性者数の変動
（2020 年 12 月 1 日–2021 年 2 月 8 日）

棒グラフは該当日の陽性者数、折れ線は移動平均を表します。
NHK：https://www3.nhk.or.jp/news/special/coronavirus/data-all/ より

4.2. 中央値

中央値（Median）は各データを大きさの順序に並べたとき、その中央に位置する値を示します。データが奇数個の場合、中央値は直接求められます。5個の場合は小さな（あるいは大きな）値から3番目の値となります。例えば {12, 13, 17, 19, 22} の場合、中央値は17です。

一方、偶数個の場合は中央に相当する2個の値の平均を中央値とします。なお、中央値はその定義から順番で決まるため、外れ値の影響をあまり受けません。

先ほどのクラスAの生徒の体重の例で中央値を求めるためデータを小さな値から並べると、{32.4, 35.2, 35.2, 35.9, 36.2, 36.7, 38.5, <u>38.6</u>, <u>38.6</u>, 39.1, 39.7, 40.2, 40.6, 42.2, 42.4, 44.7} となります。データは16個（偶数）なので、データを半分の大きさに分ける8番目と9番目の数値（下線部）の平均が中央値となり、共に38.6なので、その平均も38.6（kg）となります。

> **クイズ 4**
>
> 次の各データの中央値を求めなさい。
> 1. {15, 34, 12, 73, 26}
> 2. {28, 90, 67, 11, 56, 34}

4.3. 最頻値

最頻値（Mode）は得られたデータの中で最大の度数（頻度）をもつ値を指します。クラスAの生徒の体重の例では、35.2および38.6が2回現れ、その他の値は1回のみ現れているので、最頻値はこの二つの値です。最頻値は後で解説する最尤法およびベイズ統計学でよく使われます。

> **例題 2**
>
> 次のデータの最頻値を求めなさい。
> {41, 37, 29, 41, 37, 46, 38, 35}
>
> ---
>
> 解答　データを値の小さいものから（昇順に）並べ替えると、{29, 35, 37, 37, 38, 41, 41, 46} となります。従って最頻値は最も現れる37と41です。

クイズ5

8人の生徒にテストを行なった結果、次のような得点となりました。
56, 80, 78, 49, 83, 56, 75, 63
このデータの中央値、最頻値を求めなさい。

Excel▶ Excelで平均は ＝AVERAGE ()、中央値は＝MEDIAN ()、最頻値は＝MODE.SNGL () という関数で得られます。() の中には対象となるセルが入ります。関数を挿入する方法は、挿入したいセルを選択したあと、図で囲まれている*fx*をクリックして表示されるダイアログから使用する関数を検索して「OK」をクリックします。表示されたダイアログに対象となるデータのセルを選択して「OK」をクリックすることで関数が挿入され、求めたい値が表示されます。なお、データの数値を昇順（あるいは降順）に並べ替えを行うには、あるセルから縦方向、つまり列方向に入力後、別のセルにコピーし、貼り付けます。次に、そのデータ範囲を指定後、「ホーム」のタブから「並べ替えとフィルター」をクリックし、次に「昇順」を押すと指定したセル範囲の数値が並べ替わります。

■ **参考** ■　**分位点**

データを値の小さいものから並べ替えたとき、$100p$ ％（ただし $0 \leq p \leq 1$）の位置にある値を $100p$ パーセンタイル（Percentile）あるいは百分位点といいます。例えば、2.5パーセンタイルの点は小さい方から2.5％の位置にある値です。中央値は50％分位点と同じ点です。

また、並べ替えたデータを4等分する点を四分位点といいます。第1四分位点、第2四分位点、第3四分位点はそれぞれ小さい方から25％、50％、75％の位置にある値です。第2四分位点は中央値と同じ点です。四分位点と最小値、最大値を使って、データの散らばりを表わした図を箱ひげ図（Box plotまたはBox-and-whisker plot）といいます。

5. データの散布度

　ある集団から数多くのデータを取り出すと、いろいろな値が得られ、平均の周りに散らばり、バラツキがみられます。その散らばりを散布度といいます。その散布度を表す指標の一つとして標本分散があります。

　各データの値x_iと平均$\overline{x}$の差$x_i - \overline{x}$を偏差といいます。偏差は正、0あるいは負の値をとり、それらをすべて合計すると式(1)の平均の定義からその値は0となります。そこで、偏差を2乗するとすべて0以上の正の値となるので、その総和、すなわち偏差平方和はバラツキの指標となりそうです。しかし、データの数が多いと偏差平方和も当然増大します。そこで偏差平方和をデータの数で割って平均をとれば、バラツキの指標となります。これを標本分散（Sample variance, S^2）とよび、次の式(2)で表します。

　なお、統計学上の変数はSのようにアルファベット（大文字）で表します。一方、後で述べるように母集団の特徴を表わす変数はギリシャ文字で表します。

$$S^2 = \frac{(x_1 - \overline{x})^2 + (x_2 - \overline{x})^2 + \cdots + (x_n - \overline{x})^2}{n} = \frac{1}{n}\sum_{i=1}^{n}(x_i - \overline{x})^2 \quad (2)$$

　ここで、分母をnではなく、$n-1$とした分散を不偏標本分散（Unbiased sample variance）といい、本書では式(3)のようにU^2を表します。なお、書籍によっては分母が$n-1$である分散を標本分散とよんでいるものもありますので、注意してください。

$$U^2 = \frac{1}{n-1}\sum_{i=1}^{n}(x_i - \overline{x})^2 \quad (3)$$

　標本分散の単位は測定した単位の2乗ですから、例えば長さcmの場合はcm^2となります。そこで、標本分散の正の平方根Sをとると、測定値の単位と等しくなり、扱いやすくなります。この値を標本標準偏差とよびます。また、不偏標本分散の正の平方根を不偏標本標準偏差といいます。

　先ほどのクラスAの生徒の体重の例では、平均と個々のデータから偏差平方を計算し、その平均をとると、$\{(35.2 - 38.5)^2 + (38.6 - 38.5)^2 + \cdots + (35.2 - 38.5)^2\}/16$より標本分散9.42が得られます。同様にして不偏標本分散10.0が得られます。なお、統計検定では後述するように不偏標本分散を用います。

Excel▶ 標本分散は＝VAR.P（）、不偏標本分散は＝VAR.S（）を用いて、それぞれ計算できます。なお、標本標準偏差は＝STDEV.P（）、不偏標本標準偏差は＝STDEV.S（）で求められます。

クイズ6

次の6人の生徒の身長（cm）について、標本分散、不偏標本分散、標本標準偏差および不偏標本標準偏差を求めなさい。データはEx-1 heightsをダウンロードしても得られます。
145, 127, 156, 134, 139, 131

6. 相関

　ある集団から取り出したデータが複数の測定項目（これを変数とします）をもっている場合を考えます。例えば、あるクラスの生徒の国語と数学の試験点数があります。それらの項目間の関係、この例では国語と数学の点数の大小関係を表わす統計量が相関（Correlation）です。ただし、ここで2つの変数はお互いに対等であり、一方が他方に従属するような関係は考えません。従って一方の変数の値から他方の変数の値を推定する回帰分析とは異なりますので、注意してください。

　データがもつ変数をxおよびyとし、点（x, y）を平面上にプロットしたグラフが相関図です。相関図によって両者の関係が視覚的にわかります。例えば、ある中学校のクラスの生徒10人の英語と数学の点数をそれぞれxおよびyとしたとき、次のような相関図になったとします。

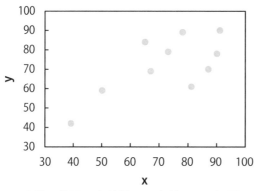

図3　生徒の英語 x と数学 y の点数：正の相関

この図から、英語の点数が高い生徒は数学の点数も高い傾向がみられます。これを正の相関といいます。一方、相関図が図4のように散らばった場合は、両者の点数に相関関係はみられず、相関がないと考えられます。

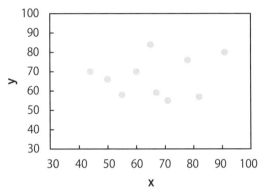

図4　生徒の英語 x と数学 y の点数：無相関

また、図5のような相関図になった場合は、英語の点数が高いほど数学の点数が低い傾向がみられます。この場合を負の相関といいます。

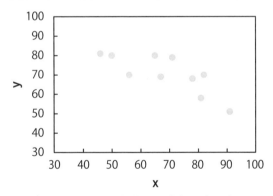

図5　生徒の英語 x と数学 y の点数：負の相関

このように2つの変数の間に直線関係が認められる場合は、相関があるといいます。一方、同じ正の相関が見られる場合でも次の図6の場合は図3と比べて、多くの点がより直線状に並んでいます。

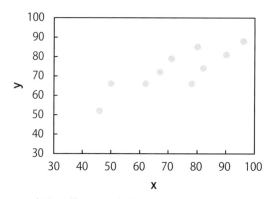

図6 生徒の英語 x と数学 y の点数：高い相関

　このような直線性、すなわち相関の強さを示す指標、すなわち統計量として標本相関係数（Sample correlation coefficient）があり、次の式のように表せます。

$$r = \frac{S_{xy}}{S_x S_y}$$

ここで、

$$S_{xy} = \frac{1}{n}\sum_{i=1}^{n}(x_i - \overline{x})(y_i - \overline{y})$$

$$S_x = \sqrt{\frac{1}{n}\sum_{i=1}^{n}(x_i - \overline{x})^2}$$

$$S_y = \sqrt{\frac{1}{n}\sum_{i=1}^{n}(y_i - \overline{y})^2}$$

S_{xy} を標本共分散ともいいます。

　この標本相関係数によって両変数の相関関係を示すことができます。r はどのようなデータに対しても −1以上1以下の値をとり、正の値であれば正の相関が、負の値であれば負の相関が認められます。

　実際に上記の相関図で標本相関係数を求めると、図3の場合では $r =$ 0.700、図4では0.160、図5では −0.780、図6では0.841となります（データはEx-1 corrにあります）。このように相関が高いほど係数の値は1または−1に近く、相関が低いほど0に近い値となります。一般に −0.2< r <0.2

の場合は相関がないと考えられます。

　ただし、相関は2つの変数の量的な大小関係を単に示しているので、両者の因果関係などを表しているわけではありません。例えば上記の図6のようにたとえ両者の相関が高くても、英語の勉強をしてその点数が高くなった結果、数学の点数が高くなるという結論は得られません。

　なお、実際に2グループのデータから標本相関係数を求めるのは計算が複雑なので、Excelのような統計ソフトウェアを使うと便利です。

Excel▶　=CORREL()を使って標本相関係数が求められます（Ex-1 corr）。

クイズ7

　次の生徒10人の英語と数学の試験点数について、標本相関係数を求めなさい。データはEx-1 marksをダウンロードすることでも得られます。

| 英語 | 57 | 89 | 79 | 71 | 81 | 66 | 82 | 64 | 87 | 87 |
| 数学 | 56 | 69 | 78 | 83 | 75 | 65 | 79 | 64 | 92 | 79 |

第 2 章　確率とは何か

統計学、特に現代統計学の中心である推測統計学は確率を基に成り立っています。確率は「いかさまのないコインをトスして表が出る確率は$1/2$である」のように一般に私たちは理解していますが、その確率についてさらに深く理解する必要があります。

1.　集合

1.1.　集合と要素

確率は後述するように条件に合った場合の数を基本にして考えるので、場合の数を理解するため、まず集合について説明します。集合（Set）とはある条件を満たす集団を指し、実験や調査で得られるデータも一つの集合と考えられます。その集合を構成しているものを要素（Element）とよびます。

例えばサイコロの偶数の目の集合をAとすると、次のように記述できます。

$$A = \{x \,|\, x \text{はサイコロの偶数の目}\}$$

この式の右辺は縦の線で分けられ、線の左側の要素xについてその内容を右側で説明しています。この集合の要素は2，4，6ですから、Aを次のように具体的に表すこともできます。

$$A = \{2,\ 4,\ 6\}$$

集合Aのように要素の数が有限の集合を有限集合といいます。

一方、要素の数が無限である集合を無限集合といいます。例えば、正の偶数全体を集合Bと考えると、集合Bは次の2通りに表すことができます。

$$B = \{2,\ 4,\ 6,\ 8,\ \cdots\}$$

$$B = \{x \mid x \text{ は正の偶数}\}$$

集合Bは要素の数が無限であるので、無限集合です。

集合AとBをみると、Aの要素はすべてBに属するので、AはBの部分集合（Subset）であるといいます。これを数学記号では次のように表します。

$$A \subseteq B$$

さらに、この例のように集合AとBが等しくない場合、AはBの真部分集合であるといい、次のように表します。

$$A \subset B$$

複数の集合の包含関係を**図1**のように図で表わすとわかりやすく、これをベン図（Venn diagram）とよびます。2つの集合CとDを考えたとき、**図1a**の左の図のように、そのどちらにも属する要素がある場合、その要素がつくる集合を共通部分（Intersection）とよび、次のように表します。

$$C \cap D$$

これを「CかつD」あるいは「C cap D」とよびます。**図1b**は集合CとDに共通部分がない場合です。また、CまたはDのいずれかに属する要素のつくる集合を次のように表します。

$$C \cup D$$

これは「CまたはD」あるいは「C cup D」とよびます。

ある集合Uを考えるとき、その集合U全体を全体集合（Universe）といいます。**図1c**に示すように、集合Uの中に部分集合Aがあるとき、集合Uの中でAに属さない要素のつくる集合を補集合（Complementary set）とよび、A_cと表します。例えば、全体集合Uをある学校の生徒全員とし、その中の男子生徒の集合をAとすると、補集合A_cは女子生徒の集合となります。

また、要素を全くもたない集合を定義しなければならない場合もあります。このような集合を空（くう）集合（Null set）といい、φと表します。

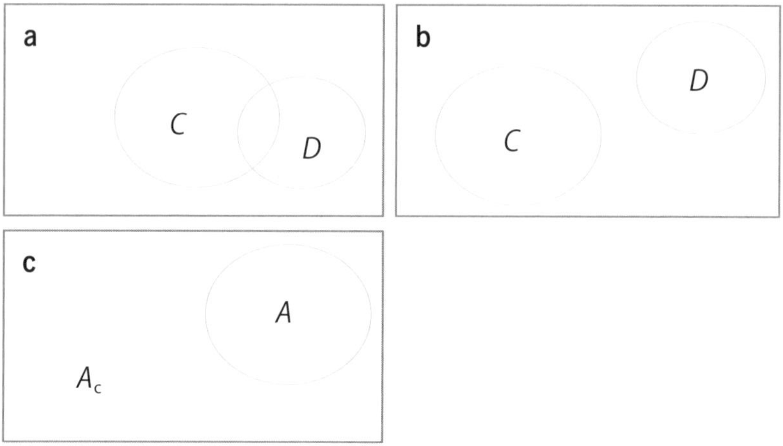

a

C D

b

C D

c

A

A_c

図1 ベン図

例題 1

Nを自然数の集合N{1, 2, 3, …}とするとき、次の集合の要素をすべて挙げなさい。∈は要素であることを示します。odd:奇数

1. $A=\{x\in N\,|\,3<x<14\}$
2. $B=\{x\in N\,|\,x\ is\ odd,\ x<13\}$

解答　$A=\{4, 5, 6, 7, 8, 9, 10, 11, 12, 13\}$
　　　$B=\{1, 3, 5, 7, 9, 11\}$

例題 2

U={1, 2, 3, …, 11} を全体集合とし、次の集合を考えます。

$A=\{1, 2, 3, 4, 5\}$、$B=\{4, 5, 6, 7, 9\}$
このとき、次の集合を求めなさい。
1. $A\cap B$　2. $A\cup B$　3. A_c

解答　1.　$A\cap B=\{4, 5\}$
　　　2.　$A\cup B=\{1,2,3,4,5,6,7,9\}$
　　　3.　$A_c=\{6, 7, 8, 9, 10, 11\}$

クイズ1

Nを自然数の集合N {1, 2, 3, …} とするとき、次の集合の要素をすべて挙げなさい。∈は要素であることを示します。even:偶数

1. $A=\{x\in N\,|\,2<x<10\}$
2. $B=\{x\in N\,|\,x\ is\ even,\ x<12\}$
3. $C=A\cup B$
4. $D=A\cap B$

クイズ2

$U=\{1, 2, 3, …, 12\}$ を全体集合とし、次の集合を考えます。
$A=\{2, 3, 4, 5, 7\}$、$B=\{4, 5, 6, 7, 9\}$
このとき、次の集合を求めなさい。

1. $A\cap B$　2. $A\cup B$　3. A_c

1.2. 要素の数

ある有限集合 G の要素の数を $n(G)$ とします。例えばサイコロの目全体を集合 G と考えると、G の要素は1から6まで6つあるので $n(G)=6$ です。また、無限集合の要素の数は前述したように無限大であり、空集合 φ は要素をもたないので、$n(\varphi)=0$ となります。

C と D の2つの有限集合要素の数について、次の関係が成り立ちます。

$$n(C\cup D)=n(C)+n(D)-n(C\cap D) \tag{1}$$

式(1)を2つの集合が共通部分をもつかどうかで考えていきましょう。まず、図1aのように集合 C と D が共通部分をもつ場合は $n(C)$ と $n(D)$ を合計すると、共通部分 $n(C\cap D)$ は2度数えられているので、式(1)に示すように、この部分を引く必要があります。図1bでは、共通部分は空集合ですから $n(C\cap D)=0$ となり、式(1)について右辺は単に $n(C)$ と $n(D)$ を合計すればよいわけです。

また、図1cでは全体集合 U と集合 A、補集合 A_c の各要素数の間に次の式が成り立ちます。

$$n(U)=n(A)+n(A_c) \tag{2}$$

Uを全体集合とし、その部分集合A、Bを考えます。各要素の数について$n(U)=90$、$n(A_c)=50$、$n(A \cap B_c)=20$、$n(A \cup B)=60$とします。

このとき、$n(A)$、$n(B)$、$n(A \cap B)$ を求めなさい。

解答　下のベン図と式1および2を使って解きます。

$n(A)=n(U)-n(A_c)=90-50=40$、

$n(A \cap B)=n(A)-n(A \cap B_c)=40-20=20$、

式(1)より$n(B)=n(A \cap B)+n(A \cup B)-n(A)$

$=20+60-40=40$

別解　$n(B)=n(A \cup B)-n(A \cap B_c)=60-20=40$

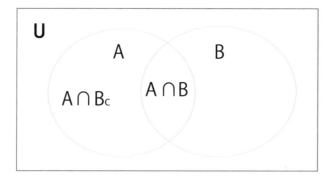

Uを全体集合とし、部分集合A、Bを考えます。各要素の数について$n(U)=100$、$n(B_c)=40$、$n(A_c \cap B)=20$、$n(A \cup B)=70$とします。
このとき、$n(A)$、$n(B)$、$n(A \cap B)$を求めなさい。

2. 順列

　例えばA, B, C, D, E, Fとそれぞれ記したカード6枚から4枚を任意に取り出し、それを順番に並べる場合の数が順列です。ただし、4枚のカードが順に {A, B, E, F} に並べる場合と {A, E, B, F} に並べる場合は区

別して数えます。このように多数（n個）の異なった要素でできた集団から決められた数（r個）の要素を任意に取り出し、それらを取り出した順番に並べた場合の数を順列（Permutation）といいます。ただし$r \leq n$です。

6枚のカードの例では1枚目は6通り、2枚目は5通り、3枚目は4通り、4枚目は3通りのカードの選び方があります。つまり、順列で最初の1個目の要素はn通りの選び方があり、2個目は残った$n-1$通り、3個目も同様に$n-2$通りの選び方があります。最後のr個目の選び方は$n-(r-1)$通りとなります。カードの例では4枚取り出すので、4枚目の選び方は$6-(4-1)=3$通りとなります。このとき並べ方の総数はこれらr個の選び方の積となり、$_nP_r$と表されます。カードの例では$_6P_4 = 6 \times 5 \times 4 \times 3 = 360$となります。$_nP_r$は次の式(3)のように表されます。

$$_nP_r = n(n-1)(n-2)\cdots\{n-(r-1)\} \tag{3}$$

一方、順列の数$_nP_r$は次の式4のように表すこともできます。

$$_nP_r = n(n-1)(n-2)\cdots\{n-(r-1)\} = \frac{n!}{(n-r)!} \tag{4}$$

ここで、「!」は階乗を表します。階乗は下のような連続した自然数の積です。例えば、$4! = 4 \times 3 \times 2 \times 1$となります。ただし、0の階乗0!は1とします。

上述したカードの例で式(4)を使うと順列の数は$6!/(6-4)! = 6!/2!$となり、分子と分母を約分して$6 \times 5 \times 4 \times 3 = 360$通りとなります。

クイズ4

次の計算をしなさい。
1. 5!
2. $3! \times 3!$
3. $5!/3!$
4. $7!/10!$

クイズ5

次の計算をしなさい。
1. $_8P_3$
2. $_7P_2$
3. $_7P_5$

8人のランナーが1500mを走り、その到着順位から1位、2位、3位を決めるとき、1位から3位までの結果は何通り考えられますか。

解答　$_8P_3 = 8!/5! = 8 \times 7 \times 6 = 336$（通り）

クイズ6

12人の出場者の音楽コンクールで1位から3位までを決めるとき、その結果は何通り考えられますか。

3. 組み合わせ

　上述したA, B, C, D, E, Fとそれぞれ記したカード6枚から4枚を任意に取り出して並べ、例えば {A, B, E, F} と {A, E, B, F} のように順序の異なる場合を同一と考えるときの場合の数を組み合わせ（Combination）といいます。つまり、組合せは多数の異なった要素からなる集団から決められた数の要素を任意に取り出す場合の数をいいます。順列と違って取り出した要素の順序は考えません。

　n個の異なる要素から任意にr個取るときの組合せの数は$_nC_r$と表し、$_nC_r$は次の式で表されます。

$$_nC_r = \frac{_nP_r}{r!} = \frac{n!}{(n-r)!r!} \tag{5}$$

すなわちr個取り出した要素の並べ方は$r!$通りの並べ方があるので、$_nP_r$をさらに$r!$で割った値が$_nC_r$となります。

　したがって上述した6枚のカードから4枚を取り出すときの組み合わせは$_6C_4$通りあります。それを計算すると$\frac{6!}{(6-4)!4!} = \frac{6!}{2!4!} = \frac{6 \times 5}{2 \times 1} = 15$通りあります。同様にスペードのカード13枚から無作為に3枚を取り出すとき、その3枚の組み合わせは$_{13}C_3$通りあります。それを計算すると $\frac{13!}{(13-3)!3!} = \frac{13!}{10!3!} = \frac{13 \times 12 \times 11}{3 \times 2 \times 1} = 286$通りとなります。

また、スペードのカード13枚から3枚を取り出す組み合わせは13枚から10枚を取り出して残しておく組み合わせと一致します。つまり、n個の異なる要素から任意にr個取ることはn個から$n-r$個を取って残すことと同じなので、次の式が成り立ちます。

$$_nC_r = {}_nC_{n-r} \tag{6}$$

統計学で組合せは頻繁に出てきます。なお、$_nC_r$を$\binom{n}{r}$と表わすこともあります。

> **クイズ7**
>
> 次の計算をしなさい。
> 1. $_8C_3$
> 2. $_7C_2$
> 3. $\binom{7}{5}$

例題5

40人のクラスで2人の学級委員を無作為に選ぶとき、その選び方は何通りありますか。

解答　40人から2人を無作為に選ぶ組み合わせですから、$_{40}C_2$通りとなります。したがって、

$$_{40}C_2 = \frac{40!}{38!\,2!} = 40 \times \frac{39}{2}$$

$$= 780 通りです。$$

> **クイズ8**

20人の大学生から3人のアルバイト学生を選ぶ選び方は何通りありますか。

例題 6

あるクラス30人の内、16人が男子、14人が女子です。男子2人、女子2からなる委員会を作るとき、その組み合わせは何通りありますか。

解答　求める組み合わせは16人の男子から2人を選ぶ選び方$_{16}C_2$と14人の女子から2人選ぶ選び方$_{14}C_2$の積となります。したがって、その組み合わせは$_{16}C_2 \times _{14}C_2 = 16!/(14!2!) \times 14!/(12!2!) = 16 \times 15 \times 14 \times 13/(2 \times 2) = 10920$通りです。

各グループでの組み合わせを掛け合わせるという、この考え方は以後もよく出てきますので、注意してください。

クイズ 9

赤い玉が6個、黄色い玉が4個入っている箱から、無作為に5個の玉を取り出します。このとき、赤い玉が4個、黄色い玉が1個となる組み合わせは何通りありますか。

4. 確率

4.1. 確率の定義

　実験、調査および検査でデータをとる操作を試行（Trial）とよび、その試行によって得られる結果（Outcome）を事象（もしくは出来事、Event）とよびます。試行によって起こりうる個々の要素を根元事象（Elementary event）といいます。例えばサイコロを1回投げてその出た目を調べる試行を考えると、根元事象は1、2、3、4、5、6の6個となります。また、すべての根元事象の集合を標本空間（Sample space）とよびます。サイコロの例では標本空間Sは$\{1, 2, 3, 4, 5, 6\}$です。そしてこの標本空間の大きさ$n(S)$は6です。

　さらに、サイコロを2回投げ、出た目のペアをそれぞれ根元事象と考えると、次の表1のように表されます。この標本の大きさ$n(S)$は$6 \times 6 = 36$です。この表は後にも出てくるので、よく理解して下さい。

表 1 サイコロを 2 回投げた場合の目の数

	1	2	3	4	5	6
1	{1,1}	{1,2}	{1,3}	{1,4}	{1,5}	{1,6}
2	{2,1}	{2,2}	{2,3}	{2,4}	{2,5}	{2,6}
3	{3,1}	{3,2}	{3,3}	{3,4}	{3,5}	{3,6}
4	{4,1}	{4,2}	{4,3}	{4,4}	{4,5}	{4,6}
5	{5,1}	{5,2}	{5,3}	{5,4}	{5,5}	{5,6}
6	{6,1}	{6,2}	{6,3}	{6,4}	{6,5}	{6,6}

1回目の目を垂直方向に、2回目の目を水平方向に示し、1回目と2回目の目のペアを {1,2} のように表しています。

また、ジョーカーを除いたトランプカードを標本空間Sと考えると、4種のマークについてそれぞれ1から10までの数字カードと3枚の顔の描かれたカード（ジャック、クイーン、キング）の計13枚があります。この標本空間の大きさ、すなわちその要素の数$n(S)$は$4 \times 13 = 52$です。

このように、標本空間の中である事象が起こるとき、その起こる確からしさを確率（Probability）とよびます。このとき、各要素が起こる確率は特に記さない限りどれも等しいと考えます。例えばサイコロを1回振って1から6までの目が出る確率はすべて等しいと考えます。そして、このようなサイコロは偏りがない、公平である（fair）とよびます。

標本空間Sの中で、ある事象（出来事）Aが起こる確率$P(A)$は次の式を用いて表せます。

$$P(A) = \frac{n(A)}{n(S)} \tag{7}$$

ここで$n(S)$はSの要素の数、$n(A)$はAの要素の数を示します。例えばサイコロを1回振って奇数1、3、5の目が出る確率$P(A)$は$n(S) = 6$および$n(A) = 3$より$P(A) = 3/6 = 1/2$です。各要素が起こる確率はどれも等しいと考えるので、このように要素の数$n(A)$で確率$P(A)$が表せる訳です。

式(7)が確率を求める基本の式となります。サイコロの例と同様に、1組のトランプカードから1枚を無作為に取り出したとき、それがハートである確率$P(B)$はハートが全部で13枚あるので、$n(S) = 52$および$n(B) = 13$となり、式(7)を用いて$P(B) = 13/52 = 1/4$となります。

■ **参考** ■ . . . .

この考え方は注目している事象の頻度（Frequency）による考え方です。例えば、偏りのないサイコロを多数回振るとき3の目が出る回数は振った全回数のある一部の回数であり、その比率は振る全回数が増えるほどある一定値、すなわちその真の確率に近づくという考え方です。さらに、この確率がサイコロを1回振ったときの3の目が出る確率と等しいと考えます。この確率に対する考え方を頻度論といい、これまでの統計学は頻度論を基に発展してきました。本書もこの考え方に沿って説明を進めます。しかし、後述するベイズ統計学はこれと違う考え方をしますので、注意してください。

. . . .

例題 7

公平なサイコロAとBを振って出た目の和が5となる事象Cの起きる確率$P(C)$を求めなさい。

解答　サイコロA で出る目は6個、Bでも6個あるため、根元事象すなわちすべての要素の数は36です。一方、AとBで出た目の和が5となる事象は 表1 に示したように {1, 4}、{2, 3}、{3, 2}、{4, 1} の4つの要素からなります。したがってこの事象の起こる確率は$P(C) = 4/36 = 1/9$となります。

クイズ 10

公平なサイコロAとBを振って出た目の和が10以上となる事象Dの起きる確率$P(D)$を求めなさい。

クイズ 11

公平な硬貨を3回トスしたとき、
1. 裏が1回だけ現れる確率を求めなさい。
2. 裏が1回以上現れる確率を求めなさい。

例題 8

赤い玉が6個、黄色い玉が4個入っている箱から、無作為に5個の玉を取り出します。このとき、赤い玉が4個、黄色い玉が1個となる確率を求めなさい。

解答 これはクイズ9で出てきた問題です。対象とする組み合わせの数$n(A)$は赤い玉で${}_6C_4$、黄色い玉で${}_4C_1$ですから両者の積となります。一方、全組み合わせ$n(S)$は10個から5個を取り出すので、${}_{10}C_5$です。したがって

$$P(A) = \frac{n(A)}{n(S)} = \frac{{}_6C_4 \times {}_4C_1}{{}_{10}C_5} = \frac{6!}{2!4!} \times \frac{4!}{3!1!} \bigg/ \frac{10!}{5!5!}$$
$$= \frac{60}{252} = \frac{5}{21}$$

となります。

クイズ 12

16人の男子と14人の女子からなるクラスがあり、この中から委員を無作為に3人選ぶとき、全員が男子である確率を求めなさい。

4.2. 確率の性質

事象Aの起こる確率を考えるとき、標本空間Sを全体集合と考えて集合の概念を用いると理解しやすくなります。Sの中でAの起こらない事象not Aを余事象といいます（図2a）。全く起こることのない事象を空事象とよび、φと表します。また、事象Aまたは事象Bが起こる事象を和事象とよび、$A \cup B$と表します。事象Aかつ事象Bが同時に起こる事象を積事象とよび、$A \cap B$と表します（図2b）。図2bでは事象Aと事象Bの重なった部分になります。事象Aかつ事象Bが同時には起こらない、すなわち

$A \cap B = \varphi$ の場合、A と B は互いに排反であるといいます（図2c）。この場合、図2cに示すように二つの事象に重なった部分はありません。

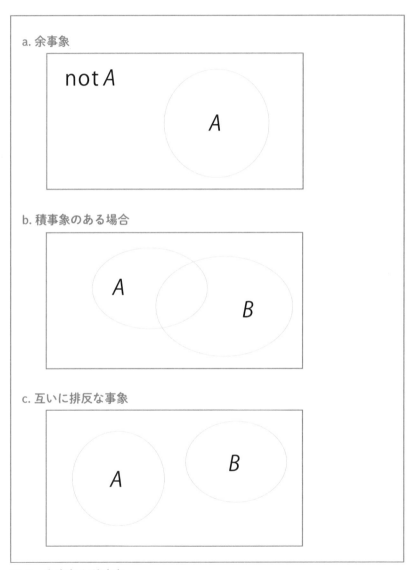

図2　余事象と積事象

例題 9

公平なサイコロを2回振って出た目の和が3以上となる事象Eの起きる確率$P(E)$を求めなさい。ヒント：余事象を使う。

解答 公平なサイコロを2回振って出た目の要素の数は表1に示したように36です。一方、その和が3以上となる事象は和が3、4、5、…の各事象について要素の数を一つ一つ数えるのは労力がかかります。このような場合は数える数が少ない余事象を考えるとエレガントです。すなわち、この場合の余事象は出る目の和が2という事象になります。表1に示したようにそれに該当する要素は {1,1} の一つだけです。したがって求める要素の数は36 − 1=35であり、この事象の起こる確率は$P(E)$=35/36となります。

クイズ 13

公平な硬貨を3回トスしたとき、裏が1回以上現れる確率を求めなさい。ヒント：余事象を使う。

各事象と全事象からなる標本空間Sに関して次のような規則があります。
(i) 各事象のおきる確率は0以上1以下である。
(ii) 標本空間Sの起こる確率は1である。
(iii) 空集合の起こる確率は0である。
(iv) 互いに排反な事象AとBの和事象が起こる確率$P(A \cup B)$は各事象の起こる確率の和$P(A) + P(B)$に等しい（図2c）。

また、事象AとBの起きる確率をそれぞれ$P(A)$と$P(B)$と表すと、一般にAとBの和事象の確率について次の加法定理が成り立ちます。

$$P(A \cup B) = P(A) + P(B) - P(A \cap B) \tag{8}$$

(iv)で記したように互いに排反な事象（共通な根元事象を持たない）の場合、式(8)は

$$P(A \cup B) = P(A) + P(B) \tag{9}$$

となります。例えばサイコロを1回振って奇数の目が出る事象と2の目が出る事象は互いに排反ですから、その和事象（奇数の目が出るまたは2の目が出る事象）の起こる確率は単に各事象の確率の和になり、3/6＋1/6＝4/6＝2/3となります。

例題 10

4つの要素からなる標本空間 $S = \{a_1, a_2, a_3, a_4\}$ を考えます。次の各要素が持つ確率の組み合わせの中で正しいものはどれですか。

(i) $P_{a1} = 0.2, P_{a2} = -0.1, P_{a3} = 0.3, P_{a4} = 0.5$

(ii) $P_{a1} = 0.2, P_{a2} = 0.1, P_{a3} = 0.2, P_{a4} = 0.4$

(iii) $P_{a1} = 0.2, P_{a2} = 0, P_{a3} = 0.2, P_{a4} = 0.6$

(iv) $P_{a1} = 0.25, P_{a2} = 0.05, P_{a3} = 0.2, P_{a4} = 0.5$

解答　(iii)と(iv)

(i)は $P_{a2} < 0$ であるため、(ii)は確率の合計が1でないため、該当しません。

クイズ 14

4つの要素 a_i からなる標本空間 $S = \{a_1, a_2, a_3, a_4\}$ を考えます。次の各要素が持つ確率の組み合わせの中で正しいものはどれですか。

(i) $P_{a1} = 0.2, P_{a2} = 0.1, P_{a3} = 0.3, P_{a4} = 0.5$

(ii) $P_{a1} = 0.25, P_{a2} = 0.1, P_{a3} = 0.5, P_{a4} = -0.25$

(iii) $P_{a1} = 0.25, P_{a2} = 0.15, P_{a3} = 0.2, P_{a4} = 0.4$

(iv) $P_{a1} = 0.25, P_{a2} = 0, P_{a3} = 0.2, P_{a4} = 0.55$

例題 11

あるクラスの学生（計40人）のうち、美術と音楽を選択している割合はそれぞれ30％と40％で、両方とも選択している割合は10％です。このクラスからある学生を選んだ時、その学生が美術または音楽を選択している学生の確率を求めなさい。

解答　美術Aと音楽Mを選択している確率はそれぞれ$P(A)=0.3$、$P(M)=0.4$で、両方とも選択している確率$P(A \cap M)$は10％です。したがって美術または音楽を選択している確率$P(A \cup M)$は式(8)より$P(A \cup M)=0.3+0.4-0.1=0.6$です。

クイズ 15

ジョーカーを除く1組のトランプカード52枚から1枚のカードを無作為に引くとき、次のカードとなる確率を求めなさい。1. 絵札（ジャック、クイーン、キング）　2. ダイアの絵札　3. ダイアあるいは絵札

例題 12

ある箱にキャンデーが10個入っています。そのうち、茶色が4個、白色が6個ありますが、外観からは区別できません。この10個から無作為に3個選んだとき、少なくとも1個茶色のキャンデーが入っている確率を求めなさい。

解答　「少なくともx個」、「x個以上」、「x個以下」、「x個未満」のようにある範囲で確率および場合の数を求めるときは、その余事象を考えると簡単に解けることが多くあります。この例題では「全く茶色が入っていない（全て白色である）」という余事象を考えます。それが起こる確率を求め、全体1からその確率を引きます。余事象は茶色を0個、白色を3個選ぶことですから、その確率は$_6C_3 / _{10}C_3 = 6!/(3! \times 3!)/\{10!/(7! \times 3!)\} = 1/6$となります。従って求める確率は$1-1/6=5/6$（または0.833）となります。

別解　1個ずつ取って3個とも全て白色である確率は$(6/10) \times (5/9) \times (4/8) = 1/6$となります。

この例題ではキャンデーの色を確かめた後、元に戻していません。これを非復元抽出といいます。一方、キャンデーの色を確かめた後、元に戻して十分に混ぜた後、再び取り出す抽出方法を復元抽出といいます。通常の実験や検査では一度取り出した試料は元の集団に戻せないので、非復元抽出になります。

例題 13

例題12で復元抽出の場合、少なくとも1個茶色が入っている確率を求めなさい。

解答　余事象「3個全て白色である」を考えます。復元抽出の場合、白色を取り出す確率は毎回$6/10=3/5$ですから、3個全て白色である確率は$(3/5)^3$です。したがって求める確率は$1-(3/5)^3=98/125$となります。

クイズ 16

工場Aで作られる製品1000個につき3個が規格外であることがこれまでのデータから分かっています。この製品3000個から無作為に2個取り出したとき、
1.　すべて規格外である確率を求めなさい。
2.　少なくとも1個が規格外である確率を求めなさい。

例題 14

4つの解答のうち1つが正解の択一問題が計3問あります。全くでたらめに解答したとき、少なくとも1問は正解となる確率を求めなさい。

解答　1問につき正解となる確率は$1/4$と考えられるので、間違える確率は$1-1/4=3/4$です。余事象は「3問すべて間違える」であり、その確率は$(3/4)^3$です。したがって求める確率は$1-(3/4)^3=37/64$となります。

　5つの解答のうち1つが正解の択一問題が計4題あります。全くでたらめに解答したとき、少なくとも1題は間違える確率を求めなさい。

4.3. 条件付き確率

　事象AとBがあって、事象Aが起こった条件下で事象Bが起こる確率を条件付き確率（Conditional probability）とよび、$P(B|A)$ と表わします。カッコ内のバーの右側に条件を記し、左側に対象とする事象を記します。例えば、自社の製品Cが複数の工場で製造されているとき、製品Cのあるサンプルが規格外であったとします。この場合、そのサンプルがB工場で製造された確率を考えます。$A=\{$規格外であった$\}$、$B=\{$ B工場で製造された$\}$ とおくと、その確率は$P(B|A)$ と書けます。

　このとき、条件付確率について次の定義が成り立ちます。

$$P(B|A) = \frac{P(A \cap B)}{P(A)} \tag{10}$$

　一方、見方を換えるとB工場で製造された製品で、それが規格外である確率を考えることもできます。その確率は$P(A|B)$と書けます。この条件付き確率についても次の定義が成り立ちます。

$$P(A|B) = \frac{P(A \cap B)}{P(B)} \tag{11}$$

　この2式で共通する$P(A \cap B)$について、次の式が成り立ちます。

$$P(A \cap B) = P(A)\,P(B|A) = P(B)\,P(A|B) \tag{12}$$

　これを乗法の定理といいます。

あるクラスで25％の学生が物理の試験で失敗し、15％の学生が化学で失敗しました。また、10％の学生は両方で失敗しました。このとき、

1. ある学生が化学で失敗しました。その学生が物理でも失敗した確率を求めなさい。
2. ある学生が物理または化学で失敗した確率を求めなさい。

解答　1.　その学生が物理Phyで失敗した確率は$P(Phy)$=0.25、化学Cheで失敗した確率は$P(Che)$=0.15、物理および化学で失敗した確率は$P(Phy \cap Che)$=0.1と表せます。式(10)より$P(Phy \cap Che)=P(Che)P(Phy|Che)$が成り立ちます。従って求める確率は

$$P(Phy|Che) = \frac{P(Phy \cap Che)}{P(Che)} = \frac{0.1}{0.15} = \frac{2}{3} \approx 0.667$$

2.　式(8)より

$$P(Phy \cup Che) = P(Phy) + P(Che) - P(Phy \cap Che)$$
$$= 0.25 + 0.15 - 0.1 = 0.3.$$

クイズ 18

あるクラスで75％の学生が物理の試験で合格し、85％の学生が化学で合格しました。また、60％の学生は両方で合格しました。このとき、

1. ある学生が化学で合格しました。その学生が物理でも合格した確率を求めなさい。
2. ある学生が物理または化学で合格した確率を求めなさい。

ここで該当する事象の要素の数を考えると、次の式が成り立ちます。ただし、Sは全要素を含む標本空間です。

$$P(A \cap B) = \frac{n(A \cap B)}{n(S)}$$
$$P(A) = \frac{n(A)}{n(S)}$$

したがって式(10)は次のように表わすことができます。

$$P(B|A) = \frac{n(A \cap B)}{n(A)} \tag{13}$$

例題 16

公平なサイコロを2回振って出た目の和が6のとき、一方の目が2である確率を求めなさい。

解答 $A=\{$目の和が6$\}$、$B=\{$一方の目が2$\}$とおくと、求める確率は$P(B|A)$と書けます。該当するサイコロの2つの目をペアで書くと$A=\{(1,5),(2,4),(3,3),(4,2),(5,1)\}$、$A \cap B = \{(2,4),(4,2)\}$より$n(A)=5$、$n(A \cap B)=2$ですから、上式を使って$P(B|A)=2/5$となります。

クイズ 19

公平なサイコロを2回投げて最初の目が5であったとき、2つの目との和が10以上である確率を求めなさい。

4.4. 独立事象

式(12)で次の関係が成り立っているとき、AとBは独立であるといいます。

$$P(B|A) = P(B)$$
$$P(A|B) = P(A)$$

つまり、事象AとBに次の関係が成り立つとき、AとBは独立であるといいます。

$$P(A \cap B) = P(A)P(B) \tag{14}$$

このとき、一方の事象が起こるときに他方の事象は影響を与えません。例えば、事象AをコインAをトスして表が出る事象、事象BをサイコロBを振って4の目が出る事象とすると、両事象は独立であると考えられます。事象AとBが共に起きる確率は各事象の起きる確率$1/2$と$1/6$の積、つまり式(14)で表されます。なお、事象AとBとがお互いに排反である場合（図

2c）とは意味が異なるので注意してください。

例題 17

AとBが射撃で的を当てる確率はそれぞれ1/3と1/4です。二人がそれぞれ的を撃つとき、次の事象が起こる確率を求めなさい。

1. 二人とも的を当てる　2. どちらか一人が的を当てる。

解答　1.　AとBが的を当てる事象はそれぞれ独立と考えられるので、二人とも的を当てる事象の起きる確率は

$$P(A \cap B) = P(A) \times P(B) = \frac{1}{3} \times \frac{1}{4} = \frac{1}{12}$$

2.　加法の定理より

$$P(A \cup B) = P(A) + P(B) - P(A \cap B)$$
$$= \frac{1}{3} + \frac{1}{4} - \frac{1}{12} = \frac{6}{12} = \frac{1}{2}$$

別解　2.　余事象「二人とも的を外す」を考えて、

$$1 - \left\{ \left(1 - \frac{1}{3}\right) \times \left(1 - \frac{1}{4}\right) \right\} = 1 - \frac{6}{12} = \frac{1}{2}$$

クイズ 20

事象AとBについて、確率が$P(A) = 1/3$, $P(B) = 1/4$, $P(A \cup B) = 1/2$であるとき、

1. $P(A \cap B)$, $P(A|B)$, $P(B|A)$を求めなさい。
2. 事象AとBは独立ですか。

5.　確率変数

5.1.　確率変数とは何か

サイコロを投げる場合、出る目の数に関して1から6までの6つの根元事象、すなわち要素があります。各要素に対応させた変数$X^{(注)}$を考えます。Xのとる値（1, 2, 3, 4, 5, 6）に対してその起こる確率（公平なサイコロではそれぞれ1/6）が決まるとき、このような変数を確率変数（Random variable）といいます。つまり、確率変数は確率をもつ変数です。コイントスで確率変数Yを考え、表が出た場合は$y = 1$、裏が出た場合は$y = 0$とおき、$y = 1$となる確率をpとおくと、$y = 0$となる確率は$1 - p$となり、それぞれの値に対して起きる確率が決まります。なお、公平なコインでは$p = 1/2$です。一般の変数ではある値をとる場合、その値に対して確率を考えることはしません。

　確率変数には離散型と連続型の2種類があります。離散型の確率変数はこれまで説明してきたように、飛び飛びの値をとります。例えば上記のサイコロを1回振って出た目の数を確率変数Xと考えた場合は1から6までの飛び飛びの計6個の値をとります。$x = 2.76$のような値は取れません。コイントスYの場合は0と1の計2個の値しか取りません。離散型では確率変数のとる値、例えば$x = 1, 2, 3, 4, 5, 6$に対してそれぞれ確率が決まります。従って、確率変数のとる値に対する確率は関数と考えられ、これを確率密度関数（Probability density function）とよびます。

　確率変数をもう少し複雑な場合にも適用できます。例えば、公平なサイコロを2回投げて出た目の和をXとします。2つの目の出方は 表1 に示したように36通りあります。各要素が生じる確率は1/36と考えられます。Xは2から12までの値をとり、各値をとる確率も決まりますので、確率変数です。確率変数Xに関して各要素とその確率をまとめると、表2 のようになります。例えば$x = 4$となる確率変数の起こる確率はこの表に示すように対応する要素が3つあるので3/36となります。各xに対する確率の総和は全事象に対応するため、表2 に示すように1となります。

　2つのサイコロの目の和の例での確率密度関数は 表2 から次の図3のように示すことができます。

　次に、事象iの確率p_iを積算していく関数$F(x)$を分布関数（Distribution function）といいます。上の2つのサイコロの目の和の例では、分布関数のグラフは図4のように表されます。最終的にすべての確率を積算すると

（注）変数Variableはいろいろな値を入れることができる一種の容器といえます。例えば変数Zに2,6.4, 23.9などの値を入れて、$100Z - 48$のような演算をすることができます。この場合、$100Z - 48$はZに関する関数（Function）といいます。なお、統計学では変数自体は大文字で表しますが、その具体的な数値を表すときは小文字で表す慣習があるので、本書ではそれに従います。

表 2 公平なサイコロを 2 回投げて出た目の和

確率変数	対応する要素						確 率
$x = 2$	{1,1},						1/36
$x = 3$	{1,2}, {2,1}						2/36
$x = 4$	{1,3}, {2,2}, {3,1}						3/36
$x = 5$	{1,4}, {2,3}, {3,2}, {4,1}						4/36
$x = 6$	{1,5}, {2,4}, {3,3}, {4,2}, {5,1}						5/16
$x = 7$	{1,6}, {2,5}, {3,4}, {4,3}, {5,2}, {6,1}						6/36
$x = 8$	{2,6}, {3,5}, {4,4}, {5,3}, {6,2}						5/36
$x = 9$	{3,6}, {4,5}, {5,4}, {6,3}						4/36
$x = 10$	{4,6}, {5,5}, {6,4}						3/36
$x = 11$	{5,6}, {6,5}						2/36
$x = 12$	{6,6}						1/36
						総和	1

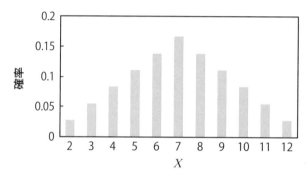

図 3　サイコロを 2 回投げて出た目の和についての確率密度関数

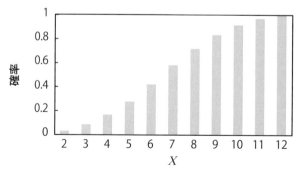

図 4　サイコロを 2 回投げて出た目の和についての分布関数

当然1になります。

■ **参考** ■ ···

分布関数を$F(X)$と置くと、確率変数Xが範囲$a < X \leqq b$で起きる確率Pは次のように表わせます。

$$P(a < X \leqq b) = F(b) - F(a) \tag{15}$$

例えば2つのサイコロの和が4から6までとなる確率$P(4 < X \leqq 6)$は図4の$x = 4$と$x = 6$での棒グラフの高さの差になります。

···

一方、連続型確率変数では、確率変数はその範囲内で例えば0.35419のようにどのような値も取ることができます。連続的確率変数Xの確率密度関数$f(X)$を模式的にグラフで表すと例えば図5のようになります。この図ではXは$-\infty$（マイナスの無限大）からaまで$f(X)$は0で、aからdまで正の値をとり、dから$+\infty$（プラスの無限大）で再び0です。

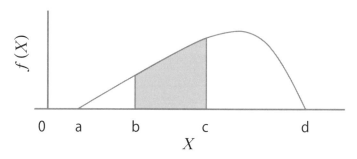

図5 連続的確率変数における確率密度関数（模式図）

連続的確率変数では$X = b$のようなある特定の値に対して$f(b)$のように確率密度関数$f(X)$の値は得られます。$f(b)$の値は図5では$x = b$での高さに相当します。しかし、確率はXのある範囲に対してのみ定義されます。例えば図5ではXのbからcまでの範囲に対する確率$P(b < X \leqq c)$が示されています（塗りつぶされた部分）。なお、図5で山型の曲線と横軸で囲まれた面積は全確率1に相当します。後述する正規分布に従う確率変数は連続型で、その確率密度関数はグラフ上で左右対称のベル型の滑らかな曲

線を描きます。それに対して図5の確率密度関数は左側に歪んだ（すそ野が長い）left-skewed曲線となっています。

■ **参考** ■ ⋯⋯⋯⋯⋯⋯⋯⋯⋯⋯⋯⋯⋯⋯⋯⋯⋯⋯⋯⋯⋯⋯⋯

図5の塗りつぶした部分に相当する確率$P(b < X \leq c)$は次の式(16)のように表わすことができます。分布関数を$F(X)$と表します。

$$P(b < X \leq c) = F(c) - F(b) = \int_{b}^{c} f(x)dx \tag{16}$$

⋯⋯⋯⋯⋯⋯⋯⋯⋯⋯⋯⋯⋯⋯⋯⋯⋯⋯⋯⋯⋯⋯⋯⋯⋯⋯⋯⋯⋯⋯⋯⋯⋯⋯

5.2. 確率変数の平均と分散

確率変数Xについて実際にとる値をx，確率密度関数を$f(x)$とすると、確率変数Xの平均$E(X)$は次の式で定義されます。平均は期待値（Expectation）ともいい、EはExpectationに由来します。ただし、$E(X)$をμ（ミュー）と表わすこともあります。

離散的確率変数の場合、平均はそれぞれ取る値とその確率の積の総和として、次の式で表わされます。

$$E[X] = \sum_{i=1}^{n} x_i f(x_i) \tag{17}$$

確率変数Xの分散$V(X)$は次の式で定義されます。$V(X)$はσ^2（シグマ2乗）と表わすこともあります。

$$V[X] = \sum_{i=1}^{n} (x_i - \mu)^2 f(x_i) \tag{18}$$

この式からわかるように分散とは確率変数の平均からの差（偏差）の二乗平均ともいえます。また，分散の正の平方根σを標準偏差とよびます。

■ **参考** ■ ⋯⋯⋯⋯⋯⋯⋯⋯⋯⋯⋯⋯⋯⋯⋯⋯⋯⋯⋯⋯⋯⋯⋯

連続的確率変数の場合、平均と分散は次のように表わされます。

$$E[X] = \int_{-\infty}^{\infty} xf(x)dx \tag{19}$$

$$V[X] = \int_{-\infty}^{\infty} (x-\mu)^2 f(x)dx \tag{20}$$

⋯⋯⋯⋯⋯⋯⋯⋯⋯⋯⋯⋯⋯⋯⋯⋯⋯⋯⋯⋯⋯⋯⋯⋯⋯⋯⋯⋯⋯⋯⋯⋯⋯⋯

分散と期待値の間には次の関係がみられます。

$$V[X] = E[X^2] - \mu^2 \tag{21}$$

この式は「分散は X^2 の期待値から X の期待値 μ の2乗を引いた値に等しい」という意味です。分散を求めるとき計算が簡単になるので、よく使う式です。

■ **参考** ■

式(21)の導き方。
$$E[(X-\mu)^2] = E[X^2 - 2X\mu + \mu^2] = E[X^2] - 2\mu E[X] + \mu^2$$
$$= E[X^2] - 2\mu^2 + \mu^2 = E[X^2] - \mu^2$$
ただし、$\mu = E[X]$ です。

例題 18

確率変数 X が次のような値 x を確率 $f(x)$ でとるとき、その期待値 $E[X]$ と分散 $V[X]$ を求めなさい。

x	2	4	5	6
$f(x)$	0.1	0.4	0.2	0.3

解答　確率 $f(x)$ の和は1となるので、X は表の4つの値のみ取ることが分かります。

$E[X] = 0.1 \times 2 + 0.4 \times 4 + 0.2 \times 5 + 0.3 \times 6$
$= 0.2 + 1.6 + 1 + 1.8 = 4.6$

式(21)を使って
$V[X] = 0.1 \times 2^2 + 0.4 \times 4^2 + 0.2 \times 5^2 + 0.3 \times 6^2 - 4.6^2$
$= 0.4 + 6.4 + 5 + 10.8 - 21.16 = 1.44$

別解　式(18)を使って
$V[X] = 0.1 \times (2-4.6)^2 + 0.4 \times (4-4.6)^2 + 0.2 \times (5-4.6)^2$
$+ 0.3 \times (6-4.6)^2 = 0.1 \times (-2.6)^2 + 0.4 \times (-0.6)^2 + 0.2$
$\times (0.4)^2 + 0.3 \times (1.4)^2 = 1.44$（計算量が多い）

確率変数Xが次のような値xを確率$f(x)$でとるとき、その期待値$E[X]$と分散$V[X]$を求めなさい。

x	2	4	5	-2
$f(x)$	0.2	0.4	0.2	0.2

例題 19

公平なサイコロを1回振って出る目の平均と分散を求めなさい。

解答　公平なサイコロを1回振って出る目をXとすると、Xは等しい確率（1/6）で1から6の値をとる確率変数です。したがって、

$$E[X] = \frac{1}{6} \times (1+2+3+4+5+6) = \frac{21}{6} = \frac{7}{2}$$

$$V[X] = \frac{1}{6} \times (1^2+2^2+3^2+4^2+5^2+6^2) - \left(\frac{7}{2}\right)^2$$

$$= \frac{91}{6} - \frac{49}{4} = \frac{35}{12}$$

クイズ 22

当たる確率が1/10,000で当選金額が100,000円の宝くじがあります。当選して得られる金額の平均と分散を求めなさい。なお、ここでくじの購入価格は考えません。

5.3. 確率変数の加法と乗法

確率変数Xの平均を$E[X]$，分散を$V[X]$と表すとき，Xをa倍して，bを加えた新しい変数$aX+b$の平均と分散について次の式が成り立ちます。ただし，aとbは定数とします。

$$E[aX+b] = aE[X]+b \tag{22}$$

$$V[aX+b] = a^2\,V[X] \tag{23}$$

公平なサイコロを1回振って出る目をXとすると、例題19に示したように$E[X]=7/2$および$V[X]=35/12$です。ここで$Y=6X+4$という新しい確率変数を考えると、その平均と分散は上の2式を使うと$a=6$、$b=4$ですから次のようになります。

$$E[Y]=6\times\frac{7}{2}+4=25$$

$$V[X]=6^2\times\frac{35}{12}=105$$

また、2つの確率変数X_1とX_2について，その和X_1+X_2の期待値は次の式で表すことができます。

$$E[X_1+X_2]=E[X_1]+E[X_2] \tag{24}$$

公平な2つのサイコロをそれぞれ1回振ったとき出る目の和の平均はこの式を使うと各サイコロで出た目の平均の和に等しいので、$7/2\times2=7$となります。

この式は確率変数が3つ以上でも成り立ちます。

また，X_1とX_2が独立であるとき，X_1+X_2の分散は次のように表されます[注)]。

$$V[X_1+X_2]=V[X_1]+V[X_2] \tag{25}$$

この式は確率変数が互いに独立であれば3つ以上でも成り立ちます。

注) この章の4.確率で解説した事象の独立と同様に、確率変数の独立も考えることができます。2つの確率変数が独立であるとき、その共分散は0です。

例題 20

> 2個のサイコロを振ったとき出た目の和について、その期待値と分散を求めなさい。

> 解答　2個のサイコロの目の組を {1,1}, {1,2},…と数え上げてもできますが、ここでは上の公式を使って解きます。1個のサイコロを振った場合、出る目を確率変数とします。その期待値は前述例題19より$7/2$、分散は$35/12$です。2個のサイコロの出る目は独立であるので、目の和の期待値は$7/2+7/2=7$、分散は$35/12+35/12=35/6$となります。

クイズ 23

偏りのないコインをトスして表が出た場合は*X*=1、裏が出た場合は*X*=0をとる確率変数*X*を考えます。このコインを6回トスしたとき、*X*の期待値と分散を求めなさい。

5.4. チェビシェフの不等式

確率変数Xについてその確率分布がどのような分布であってもXに関する平均μと標準偏差σの関係を表す定理として、式(26)のチェビシェフの不等式があります。

$$P(|X-\mu| \geq c\sigma) \leq \frac{1}{c^2} \qquad (26)$$

この不等式は任意の正の数cに対して、Xのμからの偏差の絶対値が$c\sigma$を超える確率は全体の$1/c^2$よりも小さいことを表しています。これを図に表わすと図6の塗りつぶした部分の面積が$1/c^2$以下であることを示しています。この定理を用いると、例えば$c=2$のとき確率変数Xが平均μから2σ以上離れている確率は1/4＝0.25以下であることを示しています。後で解説する正規分布の場合、μから2σ以上離れている確率は0.05未満ですから、それと比べるとかなりゆるい値ですが、どのような分布にも適用できるので、確率を求めるときの指標になります。なお、cが1未満の場合は、この式の右辺は1より大きな値となり、当然の結果となります。

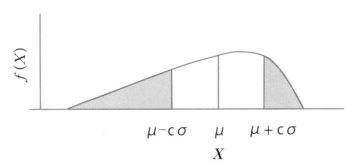

図6　チェビシェフの不等式
μとσは平均と標準偏差を示します。ただし$c>0$です。

コラム1

統計データ1. 出生数及び合計特殊出生率の年次推移

　日本の人口は現在減り続けていますが、その大きな要因は出生数の減少と考えられています。その年次別推移（昭和22年〜平成30年）を表したものが下のグラフです。特に第2次ベビーブーム以降の出生数が年々減少していることが分かります。また、1人の女性が一生の間に生む子供の数（合計特殊出生率）も減少してきたことが分かります。

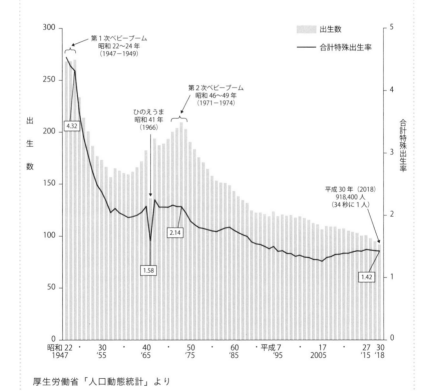

厚生労働省「人口動態統計」より

確率分布

　確率変数が従う分布を確率分布といいます。確率分布を使って後述する統計学的な推定や検定ができます。この章では代表的な確率分布を説明します。確率変数には離散型と連続型の2種類がありますが、確率分布もそれに応じて連続分布と離散分布があります。この章では最初に離散型分布、次に連続型分布を説明します。

1.　ベルヌーイ分布

　コインをトスして表が出るか裏が出るか、2つのサイコロを振って出た目の和が偶数か奇数かのように、その結果が2つのうちのいずれかとなる試行をベルヌーイ試行といいます。ただし、試行は1回のみです。このような試行で確率変数Xを考え、その値はそれが起きた（成功した）場合は1で、起きなかった（失敗した）場合は0と表せます。$X=1$となる確率をpとおくと、$X=0$となる確率は$1-p$となり、Xの起こる確率$f(X)$は$f(1)=p$および$f(0)=1-p$のように表されます。この確率変数が従う分布をベルヌーイ分布（Bernoulli distribution）とよび、これらをまとめると表1のようになります。ベルヌーイ分布は離散型確率分布の一つです。

表1　ベルヌーイ分布

確率変数Xの値	1	0
確率$f(X)$	p	$1-p$

　また、この分布の平均$E[X]$と分散$V[X]$は次のように表されます。ただし、$p+q=1$とします。

$$E[X]=p \tag{1}$$

$$V[X] = p(1-p) = pq \tag{2}$$

クイズ 1

　ベルヌーイ分布に従う確率変数の平均と分散の式(1)と式(2)を導き出しなさい。
ヒント：第2章の平均と分散の定義を使う。

2. 二項分布

　ベルヌーイ試行を複数回行った場合に確率変数の示す分布を二項分布
(Binomial distribution) といいます。すなわち、n回試行した中で何回成功したかを示す分布です。これまで解説してきたコインやサイコロを複数回投げたときに起こる事象などはみな二項分布に従うと考えられ、この分布は後述するように各種の確率分布の中で非常に重要な分布です。
　事象Aの起こる（成功する）確率がpの試行をn回繰り返したとします。事象Aがそのうちx回起こるとき、その事象の起こる総数は$_nC_x$通りあります。例えばサイコロを5回投げて1の目が出る事象が3回起こる事象の数は$_5C_3$通りです。一方、事象Aが起こらない事象の確率は$1-p$で、それがn回中$n-x$回起こることになります。したがって、n回の試行の中で事象Aがx回起こる確率$f(x)$は、次のように表されます。

$$f(x) = {_nC_x}\, p^x (1-p)^{n-x} \tag{3}$$

　ここで$x = 0$、1、2、3、$\cdots$、nです。このような確率分布を二項分布とよびます。二項分布は離散型確率分布の一つです。
　例えば、公平なサイコロを6回振って2の目が出る回数を確率変数X（ただし$0 \leq X \leq 6$）とします。このときXは試行回数6、1回あたりの確率$1/6$の二項分布に従います。これを略して$\mathrm{Bi}(6, 1/6)$と表わします。例えば2の目が1回出る確率$f(1)$は、式(3)を使って
　$f(1) = {_6C_1}(1/6)^1(1-1/6)^{6-1} = 6 \times (1/6)^1(5/6)^5 \approx 0.402$と計算されます。同様にして0回から6回まで2の目が出る回数が起こる確率を求めると表2のようになります（データはEx-3 binom）。やはり1回出る確率が最も高く、6回すべて2となる確率は非常に低いことが分かります。

なお、起こりうる回数の確率をすべて合計すると表のTotalのように当然1となります。

表2 サイコロを6回振って2の目が出る回数Xの確率分布

x	0	1	2	3	4	5	6	Total
$f(x)$	0.335	0.402	0.201	0.054	0.0080	0.00064	0.000021	1

Excel▶ 関数BINOM.DISTを使って、二項分布の確率を計算できます。下の図で成功数0、試行回数6、成功率$1/6 = 0.166\cdots$を（セル番地で）代入して、成功数0回の確率$0.334\cdots$を得ます。

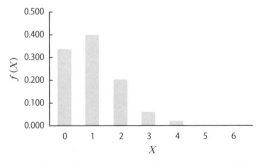

この結果をグラフにプロットすると図1のようになります。2の目が出る回数が5，6回となる確率は小さすぎて棒グラフとしては見えません。また、この確率密度は離散型です。

図1 サイコロを6回振って2の目が出る回数Xの確率密度曲線

クイズ2

> 4つの解答から1つの正解を選ぶ問題が計6題あります。A君が全くランダムに解答したとき、6題中3題正解を選ぶ確率を求めなさい。また、少なくとも1題は正解を選ぶ確率を求めなさい。

確率変数 X が各試行で起こる確率が p の二項分布に従うとき、試行を n 回行なうと、X の平均、つまり期待値 $E[X]$ と分散 $V[X]$ は次の式のように簡単に表すことができます。

$$E[X] = np \tag{4}$$
$$V[X] = np(1-p) \tag{5}$$

式(4)と(5)はしばしば現れる重要な式です。例えば、上述したサイコロを6回振って2の目が出る回数を表す分布 Bi(6, 1/6) の平均は $np = 6 \times 1/6 = 1$、分散は $np(1-p) = 6 \times 1/6 \times (1-1/6) = 5/6$ となります。

クイズ3

> 4つの解答から1つの正解を選ぶ問題が計8題あります。A君が全くランダムに解答したとき、正解数の平均と分散を求めなさい。

3. ポアッソン分布

ある事象が二項分布に従って起こるとき、平均 np を一定の値にしたまま、試行回数 n だけを(無限大に)増やしたときの分布をポアッソン分布 (Poisson distribution) とよびます。積 np の値は変わらないので、n が非常に大きな数になると確率 p は当然、非常に小さい値となります。二項分布は離散分布であるので、ポアッソン分布も離散分布です。現実の世界では、ある都市での1日当りの自動車事故での死者数、年間の航空機事故数など、まれに起こる事象に当てはまる確率分布です。

上記の np をポアッソン分布の平均 μ とすると、ポアッソン分布に従う事象が起こる確率 $f(x)$ は次の式で表されます。

$$f(x) = \frac{\mu^x}{x!} e^{-\mu} \tag{6}$$

ただし、$x = 0, 1, 2, \cdots$ です。なお、e は自然対数の底で、$e = 2.718\cdots$

です。

ポアッソン分布の分散 $V[X]$ は，二項分布の平均と分散を表す式(4)と(5)から次のようになります。

$$V[X] = np(1-p) = \mu\left(1 - \frac{\mu}{n}\right)$$

ここで n が無限大であることを考えると，この式の $1 - \mu/n$ の値は限りなく1に近づくので，次の式のように表されます。

$$V[X] = \mu \tag{7}$$

すなわち，ポアッソン分布の分散は平均に等しくなります。これはポアッソン分布のもつ重要な特徴の一つです。

Excel▶ 関数POISSON.DISTを使って、ポアッソン分布の確率を計算できます。下の図では事象の起きる回数（イベント数）が0回、平均が3回の場合の確率0.0497…を得ています。

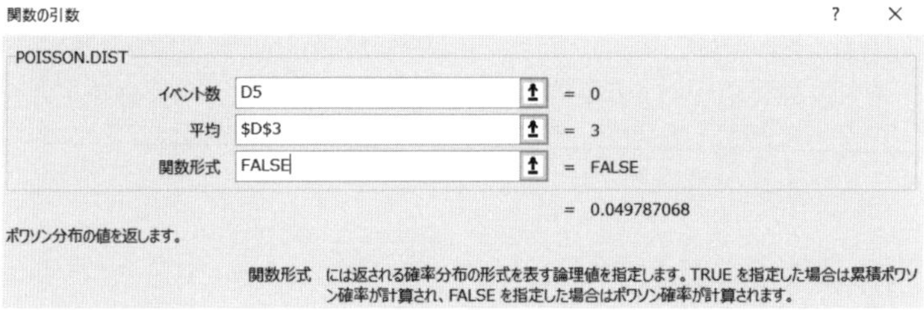

平均3のポアッソン分布に従う確率変数Xの取る各値に対する確率、すなわち確率密度曲線を図2に示します（Ex-3 Poisson）。図に示すように右側に尾部の長い形状となります。ただし、X≥10は確率が非常に小さいため、割愛しました。

例題 1

　　ある製品の1か月当りの苦情件数は平均3回です。このとき、苦情件数が1か月当り3回以上となる確率を求めなさい。

解答　1か月当りの苦情件数は非常に少ないので、ポアッソン分布に従うと考えられます。したがって、1か月当りの苦情

件数がx回である確率$f(x)$は次の式で表わされます。

$$f(x) = \frac{3^x}{x!} e^{-3}$$

苦情件数が1か月当り3回以上の回数は3回、4回、5回、…のように無限にあるため、その余事象（苦情件数が1か月当り3回未満）を考えます。すなわち、求める確率は全確率1から$f(0)$、$f(1)$、$f(2)$を引いた値となります（図2参照）。したがって、1-0.0500-0.149-0.224=0.577となります。実際の計算は上記のExcel関数を使うと簡単です。

クイズ4

A市の交通事故数は1日当たり平均2件です。このとき、交通事故数が1日当たり2件以上起きる確率を求めなさい。

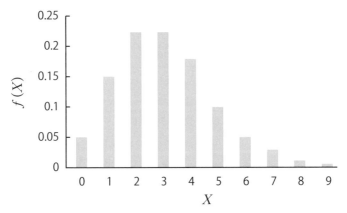

図2　ポアッソン分布の確率密度曲線（平均3）

4．負の二項分布

二項分布から派生した分布として負の二項分布（Negative Binomial Distribution）があります。負の二項分布は成功する確率がpの試行で成功がk回得るまでの失敗回数xの分布を示します。負の二項分布では成功

回数が固定され、失敗回数（または試行回数全体）が確率変数となっています。一方、二項分布では試行回数が固定され、成功回数が確率変数となっています。

二項分布に従う試行でk回成功するまでの失敗回数をxとおくと、その確率は次のように表すことができます。

$$f(x) = {}_{x+k-1}C_x\, p^k (1-p)^x \tag{8}$$

Excel▶ 関数NEGBINOM.DISTを使って、負の二項分布の確率を計算できます。下の図では失敗数0、成功数6、成功率0.8を（セル番地で）代入して、確率0.000729を得ています。

負の二項分布の密度関数の例を次の図3に示します（データはEx-3 negbin）。この例では成功回数6、成功確率0.8、Xは失敗の回数を示します。

負の二項分布の期待値と分散は次のように表されます。

$$E[X] = \frac{k(1-p)}{p} \tag{9}$$

$$V[X] = \frac{k(1-p)}{p^2} \tag{10}$$

この2式から$V[X] = E[X]/p$が成り立つので、$0 < p < 1$の範囲で$E[X] < V[X]$が成り立ちます。すなわち、負の二項分布は平均より分散が大きい分布、すなわち過分散（over-dispersion）の分布を示します。

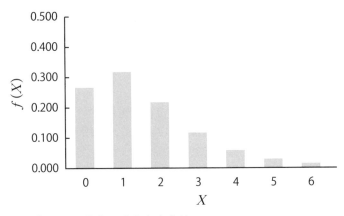

図3 負の二項分布の確率密度曲線

第3章 確率分布

クイズ5

負の二項分布で$E[X]<V[X]$を示しなさい。

5. 超幾何分布

　A、B2種類のサンプル計N個からなる集団の中で、AがM個含まれているとします。この集団から無作為に1個を戻さずにとる（非復元抽出）試行をn回繰り返し行なったとき、Aがx個である確率を$f(x)$とします。このときサンプルBは$N-M$個の中から$n-x$個取り出されているので、$f(x)$は次の式で表されます。

$$f(x) = \frac{{}_M\mathrm{C}_x \times {}_{N-M}\mathrm{C}_{n-x}}{{}_N\mathrm{C}_n} \tag{11}$$

　確率変数xがこのような確率分布で表されるとき、この分布を超幾何分布（Hypergeometric distribution）とよびます。超幾何分布はMとNが十分に大きい場合、二項分布で近似できます。その場合、Aを取り出す確率pはM/Nとみなせます。

　超幾何分布はサンプリングに関連して使われる確率分布です。例えば、あるロットの製品から抜き取り検査を行い、その不適合品の数からそのロット全体の不適合品の数を推定する場合に使われます。その他、生態学においてある地域での動物個体数を推定する際にも使われます。

製品20個のうち、不適合品が3個含まれています。この中から5個無作為に取り出したとき、その中の2個が不適合品である確率を求めなさい。

解答　20個の製品のうち5個を取り出す組み合わせは$_{20}C_5$通りあります。不適合品3個から2個取り出す組み合わせは$_3C_2$通りあり、適合品17個から残りの3個取り出す組み合わせは$_{17}C_3$通りあります。したがって、求める確率は

$$\frac{_{17}C_3 \times _3C_2}{_{20}C_5} = \frac{680 \times 3}{15504} \approx 0.132.$$

Excel▶　関数HYPERGEOM.DISTを使って、超幾何分布の確率を計算できます。下の図では上の例題の値を代入して、確率0.1315…を得ています。ただし、この例では不適合品を成功数としています。

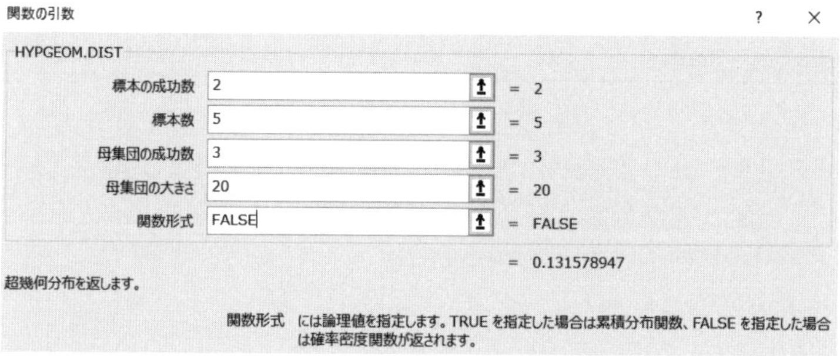

関数の引数		? ×
HYPGEOM.DIST		
標本の成功数	2	= 2
標本数	5	= 5
母集団の成功数	3	= 3
母集団の大きさ	20	= 20
関数形式	FALSE	= FALSE

= 0.131578947

超幾何分布を返します。

関数形式　には論理値を指定します。TRUE を指定した場合は累積分布関数、FALSE を指定した場合は確率密度関数が返されます。

100個の製品Aのうち、検査の結果、98個が適合品でした。ここから製品5個を任意に取り出したとき、その中の1個が不適合品である確率を求めなさい。

6. 正規分布

6.1. 正規分布とは何か

正規分布 (Normal distribution) は代表的な連続型の確率分布であり、統計学で非常に多く現れ、いろいろな自然現象、社会現象を説明するために使われます。正規分布はガウス分布ともよばれ、ドイツの著名な科学者ガウスが測定の際の誤差を分析するとき、誤差を表す関数として考え出したと言われています。例えば、ある振り子が1往復するのにかかる時間（1周期）を数多く測定すると、各測定値はある（真の）値を中心としてほぼ左右対称のベル型に散らばり、その分布は正規分布に従うと考えられます。

二項分布に従う確率変数でその起こる確率を変えずに試行回数だけを非常に大きくしていき、最終的に連続型分布を考えると正規分布になります。例えば、1回あたり起こる確率を0.25として二項分布の試行回数nが4と100のときの確率と正規分布による確率密度曲線$f(X)$を描くと、次ページの図4のようになります。nが少ない場合（$n=4$）は起こる回数Xについて2項分布と正規分布による$f(X)$は値にやや差が見られます（図4a）。一方、nが多い場合（$n=100$）は両者による差は非常に小さくなります（図4b）。nがさらに大きくなると、両者の値は限りなく近づき、正規分布が2項分布においてnが$+\infty$のときの極限の分布であることがわかります。

> **クイズ7**
>
> 図4aおよびbについて、二項分布の分散σ^2をそれぞれ求めなさい。

平均μ、分散σ^2の正規分布$N(\mu,\sigma^2)$に従う確率変数xの確率密度関数は次の式で表されます。複雑な形をしていますが、平均と分散の間に関連はありません。すなわち、平均から分散の値が決まることはありません。

$$h(x) = \frac{1}{\sqrt{2\pi}\sigma} e^{\frac{-(x-\mu)^2}{2\sigma^2}} \tag{12}$$

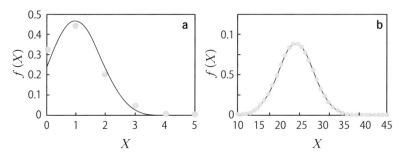

図4　正規分布と2項分布の比較

丸は二項分布による確率（2項分布の試行回数a.4, b.100）、曲線は正規分布による確率を示します。ここで2つの分布の平均と分散は一致するように合わせています。

Excel▶　関数NORM.DISTを使って、正規分布の確率密度関数を計算できます。下の図では確率変数が1、平均が2、標準偏差が3のときの密度関数の値0.125…を示しています。

正規分布の確率密度関数は左右対称のベル型（釣鐘型）をしていますが、その形状は標準偏差、すなわち分散の大きさによって異なります。図5では比較のため、平均が等しく（すべて0）、標準偏差が異なる3つの正規分布の確率密度曲線を示しています。この図で分かるように標準偏差が大きくなるほど、ピークが低くて裾野の広いベル型となります。ただし、各曲線とX軸で囲まれた部分の面積はいずれも1で変わりません。

6.2.　標準化変換

いろいろな平均と分散をもつ正規分布 $N(\mu, \sigma^2)$ は平均0、分散1の正規分布関数 $N(1,0)$ に変換でき、その操作を標準化変換といいます。すなわち、確率変数 y が $N(\mu, \sigma^2)$ に従うとき、次の式を用いると新たに得ら

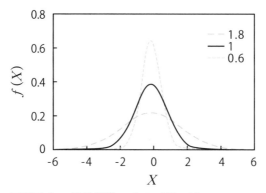

図5 正規分布の標準偏差による形状の違い

数値は各確率密度曲線の標準偏差を示します。

れたZは$N(1,0)$に従います。この式は後述するようにしばしば使います。

$$z = \frac{y-\mu}{\sigma} \tag{13}$$

変換して得られた正規分布を標準正規分布とよび、式(12)を用いて次の式で表されます。

$$g(z) = \frac{1}{\sqrt{2\pi}} e^{\frac{-z^2}{2}} \tag{14}$$

標準化変換を行なうと異なった正規分布に従う確率変数の比較が容易になります。なお、標準正規分布の確率密度曲線は図5の標準偏差1の曲線（実線）になります。

6.3. 正規分布に従う確率変数の存在確率

正規分布はこれまで説明してきた各種の分布と異なり、連続型であるという点に注意が必要です。すなわち、連続型分布の確率は確率変数がある範囲の値で（第2章図5の塗りつぶした部分）で定義されています。例えば正規分布$N(\mu, \sigma^2)$では平均μから$\pm 1\sigma$の範囲にXが存在する確率は68.3％となります。さらに、$\pm 2\sigma$および$\pm 3\sigma$の範囲にXが存在する確率はそれぞれ95.4％、99.7％存在します。簡単のため標準化した正規分布$N(0,1)$でみると、図6のように表されます。すなわち、Xが平均0から± 1の範囲（塗りつぶした部分）に存在する確率Pは全体の68.3％となります。これを$P(-1 \leqq X \leqq 1) = 0.683$と表わせます。同様に、$X = \pm 2$の

2本の点線の間では全体の95.4%を占めます。すなわち、$P(-2 \leqq X \leqq 2)$ $=0.954$です。$X = \pm 3$では$P(-3 \leqq X \leqq 3) = 99.7\%$となります。

　標準化変換して得られた確率変数Zの値からZは標準化した正規分布の
どの位置にいるか、すなわちZ以上（あるいは以下）の値をとる確率がわ
かります。ここで、巻末の正規分布表を使ってその確率を求めてみましょ
う。表中の縦列は変数Zの小数点以下1位までの値を示し、表中の第1行
目の0、1、2、…、9はZの小数点第2位の値を示します。両者の交点の
値が求める確率となります。例えば$Z = 1.6$のとき、 表3 に示すように最
初に縦方向に$Z = 1.6$を決め、次に小数点第2位の値（ここでは0）を横方
向の値から決め、両者の交点の値を読みます。この例では0.0548となりま
す。（同様に$Z = 0.83$のときは 表3 から0.2033が得られます。）こうしてP
$(1.6 \leqq Z < +\infty) = 0.0548$が得られます。これを図示すると、 図7 に示すよ

表3　正規分布表（一部）

z	0	1	2	3
0	0.5000	0.4960	0.4920	0.4880
0.1	0.4602	0.4562	0.4522	0.4483
0.2	0.4207	0.4168	0.4129	0.4090
0.3	0.3821	0.3783	0.3745	0.3707
0.4	0.3446	0.3409	0.3372	0.3336
0.5	0.3085	0.3050	0.3015	0.2981
0.6	0.2743	0.2709	0.2676	0.2643
0.7	0.2420	0.2389	0.2358	0.2327
0.8	0.2119	0.2090	0.2061	0.2033
0.9	0.1841	0.1814	0.1788	0.1762
1	0.1587	0.1562	0.1539	0.1515
1.1	0.1357	0.1335	0.1314	0.1292
1.2	0.1151	0.1131	0.1112	0.1093
1.3	0.0968	0.0951	0.0934	0.0918
1.4	0.0808	0.0793	0.0778	0.0764
1.5	0.0668	0.0655	0.0643	0.0630
1.6	0.0548	0.0537	0.0526	0.0516
1.7	0.0446	0.0436	0.0427	0.0418
1.8	0.0359	0.0351	0.0344	0.0336
1.9	0.0287	0.0281	0.0274	0.0268
2	0.0228	0.0222	0.0217	0.0212

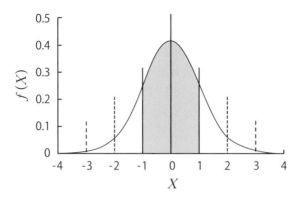

図6　正規分布 N（0,1）における確率変数 X の存在する確率

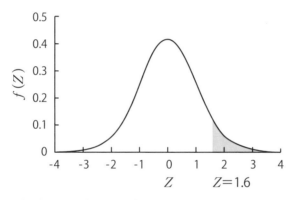

図7　標準正規分布での存在確率

うに標準正規分布の確率密度曲線でzがその値から正の無限大まで存在する確率（塗りつぶされた部分の面積）を示します。一方、図の白抜きの部分の確率 $P(-\infty < Z \leqq 1.6)$ は $1 - 0.0548 = 0.945$ と計算できます。

例題 3

　ある養鶏場で取れる鶏卵の重さは平均65g、標準偏差6gの正規分布を示します。このとき、この養鶏場で取れる鶏卵から1個取り出したとき、その重さが70gを超える確率を求めなさい。

第3章　確率分布

解答　70gを標準化変換して標準正規分布曲線上での位置を調べます。変換すると、$z=(70-65)/6≈0.83$となります。$z=0.83$を正規分布表でみると、0.203という値が得られます。したがって、その重さが70gを超える確率は0.20（20％）です。下の図では$z=0.83$を超える塗りつぶされた部分の面積が20％に相当します。

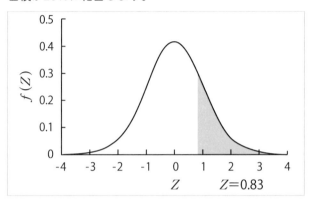

Excel▶　関数NORM.DISTを使って正規分布での確率を求められます。下の図のように数値を代入し、関数形式として累積分布関数TRUEを指定します。その結果、確率0.797…が得られますが、この値は−∞からの確率を累積した値であり（上の図の白抜きの部分）、求める確率は70g以上の値ですから$1-0.80=0.20$となります。

関数の引数　　　　　　　　　　　　　　　　　　　　　　　　　？　×

NORM.DIST

X	70 ⬍	= 70
平均	65 ⬍	= 65
標準偏差	6 ⬍	= 6
関数形式	TRUE ⬍	= TRUE

　　　　　　　　　　　　　　　　　　　　　　　　= 0.797671619

指定した平均と標準偏差に対する正規分布の値を返します。

　　　　　関数形式　には関数の形式を表す論理値を指定します。TRUE を指定した場合は累積分布関数が返され、FALSE を指定した場合は確率密度関数が返されます。

クイズ8

製品Gの重さは平均1,200g、標準偏差11gの正規分布を示します。製品Gを1個取り出したとき、その重さが1,180g以下である確率を求めなさい。

例題 4

偏りのないサイコロを200回振ったとき、4の目が出る回数の平均と標準偏差を求めなさい。次に4の目が出る回数が200回中25回以下となる確率を求めなさい。

解答 このサイコロを振って4の目が出る回数は第2章で解説したように確率1/6の二項分布に従います。したがって、200回振って4の目が出る回数Xについて、その平均はnp=200/6=33.33…です。分散は$np(1-p)$=200/6×(1-1/6)=200/6×5/6≈27.77ですから、標準偏差は5.27となります。この試行を200回という数多くの回数行ったので、Xは平均33.3、標準偏差5.27の正規分布$N(33.3, 5.27^2)$に従うと考えられます。従ってXが25回以下である確率は標準化してZ=(25-33.3)/5.27=-1.57…が得られます。求める確率は$P(-\infty \leqq Z \leqq -1.57)$となります。正規分布表をみると$P(1.57 \leqq Z \leqq +\infty)$=0.0582となりますが、この確率は求める確率とz=0に関して左右対称の関係ですから、解答は0.0582です。

Excel▶ 関数NORM.S.DISTを使い、下の図のように入力すると、同じ値が得られます。確率を求めたいので、関数形式はTRUEにします。

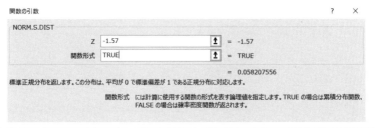

クイズ9

偏りのないコインを200回トスしたとき、表が出る回数の期待値と標準偏差を求めなさい。次に、表が出る回数が120回以上となる確率を求めなさい。

7. 一様分布

最も単純な分布に一様分布（Uniform distribution）があります。この分布は一般に連続型で、確率変数 X がある区間内でその起こる確率が一定の値をとる分布をいいます。この分布の確率密度曲線は図8に例示するように、長方形の形状を示します。一様分布はUni(a,b) のように略して表せます。すなわち、X が区間 $[a,b]$ では0以外のある一定の確率をとり、それ以外の値では確率0となることを示します。

この分布を式で表すと次のように示されます。

$$f(x) = c \qquad (a \le x \le b) \tag{15}$$

$$f(x) = 0 \qquad (x < a \text{ または } b < x) \tag{16}$$

確率の総和（長方形の面積）は1なので、$c = 1/(b-a)$ が得られます。図8では X は区間 $[2,7]$ で $f(x) = 1/(7-2) = 1/5$ の値をとります。

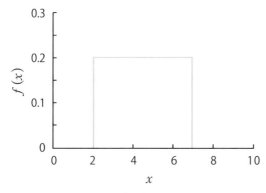

図8　一様分布 Uni（2,7）

068

一様分布Uni（4,9）における$f(x)=c$の値を求めなさい。

一様分布の平均と分散は次の式で表されます。

$$E[X] = \frac{a+b}{2} \tag{17}$$

$$V[X] = \frac{(b-a)^2}{12} \tag{18}$$

■ **参考** ■ ─────────────────────

一様分布の平均と分散は定義から次のように求められます。

$$E[X] = \int_a^b \frac{1}{b-a} x\,dx = \frac{1}{b-a}\left[\frac{x^2}{2}\right]_a^b = \frac{1}{b-a}\frac{b^2-a^2}{2} = \frac{a+b}{2}$$

$$V[X] = \int_a^b \frac{1}{b-a} x^2\,dx - (E[X])^2 = \frac{1}{b-a}\left[\frac{x^3}{2}\right]_a^b - \left(\frac{a+b}{2}\right)^2$$

$$= \frac{a^2+ab+b^2}{3} - \frac{(a+b)^2}{4} = \frac{(b-a)^2}{12}$$

─────────────────────

一様分布で確率変数が離散的な場合も考えられます。例えば、サイコロを1回振って出た目を確率変数Xと考えると、Xは1から6までの整数の値をとり、その起こる確率はすべて等しく1/6です。なお、確率変数が離散的な場合は平均と分散について上の式(17)と(18)は成り立ちません。

8. 確率分布のまとめ

以上説明してきた確率変数が従う各種の確率分布の間の関係を示すと下の図9のようになります。ただし、一様分布は除きます。

最も基本となる分布はベルヌーイ分布です。これは試行を1回行なったとき、ある事象が起きる（成功）か起きないか（失敗）の2択しかなく（ベルヌーイ試行）、それぞれに確率pと$1-p$を与えたものです。その試行を複数回行なって、対象とする事象がそのうち何回起きるかを表した分布が

二項分布です。二項分布において、その試行回数nを多くすると、その極限として正規分布が考えられます。ただし、正規分布は連続型の分布です。二項分布において、対象とする事象の起きる確率pが非常に小さい場合、その極限としてポアッソン分布があります。また、2択しかない事象について対象集団からある大きさのサンプルを非復元抽出し、その中にいくつ対象とする事象があるかについては超幾何分布が該当します。さらに、2択しかない事象についてある回数成功するまでの失敗の回数に関しては負の二項分布が該当します。このように、これらの分布の基礎となる分布は二項分布であることが分かります。

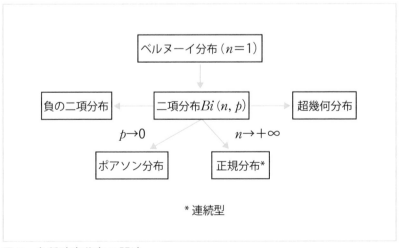

図9　各種確率分布の関連

　次の分布または事象にどのような確率分布を適用すればよいでしょうか。

1. 工場Aで昨日製造された製品G 100個の重量
2. T市で起きる1日当たりの交通事故死者数
3. ある病院で明日最初に生まれる子供が女子である事象
4. ある夫婦の3人の子供が全員男児である事象
5. ある中学校で、無作為に選んだ生徒30人に尋ねた二択のアンケート結果
6. 女児を望む夫婦から初めて女児が生まれるまでに生まれる男児の数

解答

1. ほぼ均一な製品が生産されると考えられるので、ある値（平均）を中心とした正規分布が適用できます。
2. 0を含むかなり少ない死者数が考えられるので、ポアッソン分布が適用できます。
3. 一人の子供に対して男女を考えるので、ベルヌーイ分布が適用できます。
4. 3人の子供に対してそれぞれ男児の生まれる事象を考えるので、二項分布が適用できます。
5. ある集団から一部のサンプルを取り出すので、超幾何分布が適用できます。
6. 女児が生まれる事象を成功と考えると、負の二項分布が適用できます。

次の分布または事象にどのような確率分布を適用すればよいでしょうか。

1. 赤と白の玉が数多く入った箱から無作為に1個ずつ玉を取り出すとき、最初に白い玉を取り出すまでに取り出した赤い玉の数
2. 工場Aで昨日生産された製品G1,000個中の不適合品の数
3. ある電車の車両内で全乗客20人中女性が13人である事象
4. A県の中学2年生男子4,000人の身長

また、上記の確率分布の中で代表的な分布について、その平均と分散を表4にまとめました。

表4 代表的な確率分布の平均と分散

分布	パラメーター	範囲	平均	分散
A. 離散分布				
ベルヌーイ	prob=p	x=1	p	$p(1-p)$
二項	size=n, prob=p	x=0,1,2,..,n	np	$np(1-p)$
ポアッソン	mean=μ	x=0,1,2,..	μ	μ
B. 連続分布				
正規	mean=μ, SD=σ	$-\infty<x<\infty$	μ	σ^2
一様	min=a, max=b	$a<x<b$	$(a+b)/2$	$(b-a)^2/12$

※ただし、SDは標準偏差を示します。

統計データ 2. 性・年齢階級・企業規模別賃金 ―平成30年―

　日本で現在、働いている人たちの性別、年齢別、企業規模別の賃金（月当たり）を表したグラフが下のグラフです。20歳前半までは性別および企業規模別による賃金の差は非常に小さいですが、年齢が増すに従い、差が開くことが分かります。50代になるとその差が最大になることが分かります。

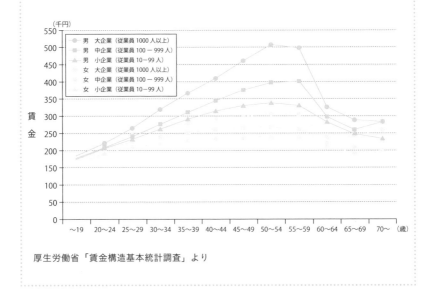

厚生労働省「賃金構造基本統計調査」より

第3章　確率分布

標本と母集団

前章で確率変数の従う代表的な確率分布を説明してきました。ある事象に関連する確率変数がどのような分布に従うかを見極めることがデータを解析するために必要です。この章ではデータから取り出した標本とそれが従う母集団について説明します。

1. 標本と母集団

統計学では実際の実験や調査で得られたデータからその集団の特徴を推測します。測定や調査、検査の対象となる集団を母集団（Population）とよびます。母集団を構成する要素を個体（Indivisual）とよび、個体の数が有限の場合を有限母集団、無限の場合を無限母集団といいます。ある工場で製造される製品を対象とすると、その母集団は有限です。一方、サイコロを振ったとき出た目を対象とすると、無限回振ると考えれば無限母集団となります。

測定や調査を行う際に対象とする母集団を明確にしておくことが統計解析の前に必要です。すなわち、データがどのような集団から得られ、解析結果はどのような集団に当てはめるかを事前に確認しておく必要があります。例えば、あるロットから取り出した製品30個の検査データを使って、そのロットの特徴を推定することは可能かもしれませんが、その年に作られた製品全体を母集団として推定することは適切ではないでしょう。

対象とする集団の特性を調べるため、その集団中の個体全てについて測定、調査することを全数調査といいます。例えば国が行う国勢調査は全数調査となっていますが、その調査に多大の労力、時間がかかることは明らかです。ある中学校の3年生を母集団とした場合のように個体数が少ない集団では可能かもしれませんが、全国の中学3年生を母集団とすると全数調査は非常に困難です。一方、対象の集団から個体をいくつか取り出し、測定、調査によって得られたデータから元の集団の特性を推測する方法を

標本調査といいます。実際にはほとんどの場合、標本調査が行われます。

　その集団の特性（重量、濃度あるいは年収など）の値を推測するために同一条件下で実際に取り出されるものを標本またはサンプル（Sample）といいます（図1）。サンプルは通常、無作為に抽出（Random sampling）されます。取り出されたサンプルは元の集団の一部ではありますが、必ずしも元の集団の特性をそのまま表しているわけではありません。すなわち、取り出したサンプルの特徴がそのほかの個体と大きく異なっている可能性もありえます。そのため、対象集団からは複数のサンプルを取り出します。

図1　標本調査の考え方

　ある集団から抽出する（抜き取る）個体の数をサンプルの大きさ、すなわちサンプルサイズ（Sample size）といいます。大きさといっても調べる個体の量（重量、体積など）ではないので、注意して下さい。取り出したサンプルについて測定して得られたデータから、標本平均や標本分散が得られます。標本平均や標本分散については第1章で定義しました。

　標本平均や標本分散のように標本から得られる指標を統計量とよびます。統計量によって元の集団の特徴を推測できます。また、統計量が示す分布を標本分布といいます。

　標本調査においてある集団から全く無作為に標本を取り出すことは実際には容易でありません。できるだけ標本の偏りを無くすため、例えば標本に1から順に番号を付け、乱数表を使って選んだ乱数と一致した番号の標本だけを取り出す、などの方法があります（図2a）。また、元の集団をグループに分けた後、標本を抽出した方が、特徴が一層よく現れる場合があ

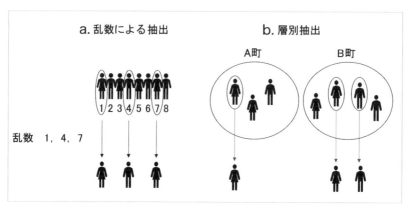

図2　標本調査方法

ります。例えば、地域別、性別などによって標本を分ける方法です。これを層別抽出法といいます（図2b）。

2.　中心極限定理

　母集団は一般にそれ自体が平均と分散をもっており、それらをそれぞれ母平均、母分散といいます。これらはその集団から取り出した標本の平均および分散とは区別されます。また、母集団の中である特徴（例えば有り/無し、陽性/陰性など）を持った個体の比率を母比率とよびます。母平均、母分散、母比率など母集団のもつ特性値を総称して母数あるいはパラメーター（Parameter）といいます。

　サンプルから得た標本平均などの統計量から母集団のもつパラメーターの値を推定したいとき、中心極限定理（Central limit theory）とよばれる統計学で最も重要な定理の一つがあります。中心極限定理は「母集団がどんな分布であっても、それから取り出した標本の平均（あるいは和）は標本数を十分大きくしたとき正規分布に近づく」という定理です。

　ここでのポイントは「標本平均」の作る分布だということです。標本平均の作る分布とは分かりにくい概念です。例えば、ある母集団からn個の標本X_1、X_2、…、X_nを無作為に取り出したとき、それらから標本平均$\overline{X}$が一つ得られます。ただし、X_1、X_2、…、X_nは互いに影響を及ぼしあわず、独立です。この操作を繰り返し多数行うと、標本平均$\overline{X}$の分布ができます。

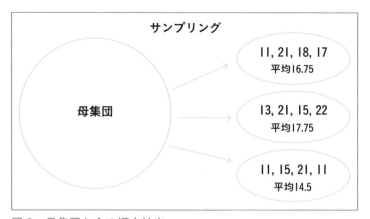

図3　母集団からの標本抽出

母集団から4個の標本を3回取り出した結果を例示します。

これをイメージした図が図3です。この図ではある母集団から無作為に4個ずつの標本を取り出しては測定するという試行を3回まで行なった結果を示しています。この図には各試行での標本値が示されています。この結果から、各試行での標本平均が得られます。この図で標本平均を計算すると16.75、17.75、14.5となります。この試行を数多く続けると、標本平均の数は増え、1つの分布を示すことがわかります。

　得られた標本平均$\overline{X}$の分布にはその平均と分散があります。それについての定理が中心極限定理です。この定理をさらに詳細に表わすと「nが大きくなるにつれて$\overline{X}$の分布は平均μ、分散σ^2/nの正規分布に近づく」となります。

　ここでnは取り出すサンプルの個数（すなわちサンプルサイズ）、μおよびσ^2は母集団の平均と分散です。

　中心極限定理を数式で表すと次のようになります。

（i）標本平均の期待値は母平均に等しい。

$$E[\overline{X}] = \mu \tag{1}$$

（ii）標本平均の分散は母分散を標本数nで割ったものに等しい。

$$E[(\overline{X} - \mu)^2] = \frac{\sigma^2}{n} \tag{2}$$

　なお、分散は偏差の2乗平均ですから、式(2)の左辺のように表せます。

この(ii)「本平均の分散は母分散を標本数nで割ったものに等しい」は直感的に分かりにくいので、シミュレーションで確かめてみましょう。例えば5種類の数値6,7,8,9,10からなる非常に大きな集団があり、ここから等確率（すなわち0.2）でランダムに1個のサンプルを取出すとします。このときの確率分布は図4に示すように各確率がすべて0.2の離散的な一様分布をしており、正規分布とは明らかに違うことが分かります。

この集団から毎回4個の標本を無作為に取出してはその標本平均$\overline{x}$を得るという操作を数多く行なうとします。例えば、1回行った結果が、7,8,6,8であったとすると、$\overline{x}=(7+8+6+8)/4=7.25$となります。こうして得られた$\overline{x}$の分布が本当に正規分布となるかを調べましょう。

まず、母集団の平均は定義から$\mu=(6+7+8+9+10)\times1/5=8$となります。同様に、分散$\sigma^2$は定義から$\sigma^2=(6^2+7^2+8^2+9^2+10^2)\times1/5-8^2=330/5-64=2$となります。ここで中心極限定理を適用すると、標本平均$\overline{x}$について期待値はそのまま8、分散は$n=4$より$2/4=0.5\approx0.707^2$が得られます。すなわち、$\overline{x}$は$N(8,\ 0.707^2)$に従うことが推定されます。

では、数値シミュレーションでこれを確かめてみましょう。上記の集団から4個のサンプルをランダムに取出し、その平均を求める操作を40,000回行なった結果を図5に示します。この図に示されるように、その分布は

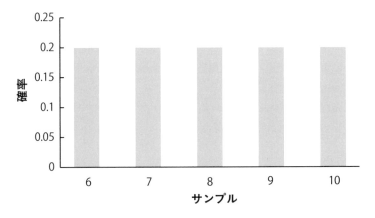

図4　等確率でサンプルを取出すときの確率分布

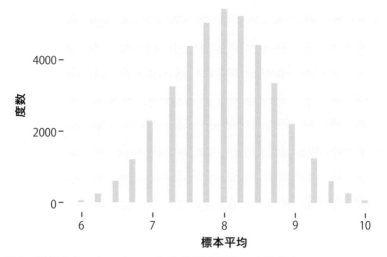

図5 数値シミュレーションによる標本平均の度数分布

最頻値8を中心に左右対称の正規分布に非常に近いことがわかります。

　次に、このシミュレーション結果の平均と標準偏差を求めると、7.9979…および0.70689…と計算され、上述した中心極限定理による標本平均の値8および分散の値0.707と非常に近いことがわかります。このシミュレーションでは$n=4$とサンプルサイズは小さいのですが、操作を40,000回という非常に多数回行うことで、この定理が成立することが示されました。

　なお、式(1)に関して「ある試行回数nを無限に増やすと、その標本平均は母平均に収束する（限りなく近づく）」ことを大数の法則（特に弱法則）（Law of large numbers）といいます。また、この法則を結果があり／なしで表される標本に適用すると、「ある試行回数nを無限に増やすと、その事象の起きる確率は母集団の比率に収束する（限りなく近づく）」とも表せます。

3．正規母集団

3.1．正規分布による近似

　対象の集団から取り出す標本数が大きければ1回の測定や調査であっても中心極限定理が成り立ち、その標本平均は近似的に正規分布に従うと考

えることができます。その標本平均に3章で説明した標準化変換を行なうと、変換して得られた確率変数Zは正規分布$N(0,1)$に従うことになります。

例題 1

ある果実店で果物Cの1個当たりの重量（単位：g）はこれまでの測定から平均が257、分散が63であることがわかっています。この果物を無作為に35個取り出して重量を測定したとき、その標本平均はどのような確率分布を示すと考えられますか。また、標本平均が260g以上となる確率を求めなさい。

解答　標本の大きさが35と比較的多いので、この標本平均は正規分布$N(257,63/35)$、つまり$N(257,1.8)$に近似的に従うと考えられます。次に、標本平均が260gであることは標準化変換した確率変数Zでは

$$Z = \frac{260-257}{\sqrt{1.8}} = 2.24$$

となります。したがって、求める確率$P(Z \geqq 2.24)$は正規分布表から0.0125と求められます。

クイズ 1

ある高校の3年生に行なった英語の試験（100点満点）は平均が67、分散が28でした。ここの学生40人の点数を無作為に取り出したとき、その平均が65点から69点の範囲にある確率を求めなさい。なお、$\sqrt{0.7}$≈0.837です。

一般には母集団の母分散σ^2はわからないことが多いため、その場合は1章で説明した標本分散からの標準偏差Sを使います。詳細は割愛しますが、$\sigma^2 = S^2 n/(n-1)$という関係があるので、この関係を中心極限定理に当てはめ、さらに標準化すると次のZは正規分布$N(0,1)$に従うと考えられます。

$$Z = \frac{\overline{X} - \mu}{S / \sqrt{n-1}}$$

(3)

例題 2

　ある大学の男子学生から無作為に37人を選び、その身長（単位：cm）を測定した結果、その平均と分散はそれぞれ171と49でした。このとき、この平均が174以上となる確率を求めなさい。

解答　サンプルの大きさ37が比較的大きいので、この標本平均に中心極限定理が適用できると考えられます。従って平均が174以上となる確率は式(3)を使って標準化変換すると、

$$Z = \frac{174-171}{\sqrt{49}/\sqrt{37-1}} = \frac{3}{7/6} = 2.57$$

が得られます。したがって、求める確率$P(Z \geqq 2.57)$は正規分布表から0.0051となります。

クイズ 2

　ある中学校3年生に英語の試験（100点満点）を行い、その中から無作為に37人の成績を選んだ結果、その平均と分散はそれぞれ63と36でした。このとき、平均が60未満となる確率を求めなさい。

3.2.　正規分布の重ね合わせ

　確率変数X_1とX_2が互いに独立で、それぞれ正規分布$N(\mu_1, \sigma_1^2)$と$N(\mu_2, \sigma_2^2)$に従うとき、その2つの変数の和$X_1 + X_2$を考えてみます。この和も一つの確率変数と考えることができ、その平均が両平均の和$\mu_1 + \mu_2$で、分散が両分散の和$\sigma_1^2 + \sigma_2^2$で表される正規分布$N(\mu_1 + \mu_2,\ \sigma_1^2 + \sigma_2^2)$に従います。このように正規分布に従う確率変数は和として重ね合わせることができます。

　例えば、農場AとBから出荷される鶏卵1個あたりの重量がそれぞれ正規分布$N(62,21)$と$N(55,18)$に従うとき、農場AとBから無作為に1個ずつ取ってそれらを合計した重量は正規分布$N(62+55, 21+18) = N(117,39)$に従うことになります。この確率密度関数を図6に示します。

　この正規分布に従う確率変数の重ね合わせを一般化して、次の定理が成り立ちます。

> **定理1** 正規分布 $N(\mu, \sigma^2)$ に従う集団から n 個のサンプルを無作為に抽出したとき、その標本平均はサンプルの大きさ n にかかわらず正規分布 $N(\mu, \sigma^2/n)$ に従う。

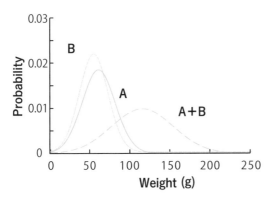

図6 正規分布の重ね合わせ（農場 A と B から出荷される鶏卵の重量分布）

■ **参考** ■ **定理1の導き方** ·······················

　確率変数 $X_i (i=1, 2, \cdots, n)$ を互いに独立な正規分布 $N(\mu_i, \sigma_i^2)$ に従う場合、次の確率変数 Y を考えてみます。

$$Y = a_0 + a_1 X_1 + a_2 X_2 + \cdots + a_n X_n \tag{4}$$

ここで、$a_0, a_1, \cdots, a_n$ は定数です。Y は X_i の重ね合わせの形をしているので、次の正規分布に従います。

$$N(a_0 + a_1\mu_1 + a_2\mu_2 + \cdots a_n\mu_n, \ a_1^2\sigma_1^2 + a_2^2\sigma_2^2 + \cdots + a_n^2\sigma_n^2) \tag{5}$$

特に $a_0 = 0$, $a_1 = \cdots = a_n = 1/n$ とし、各 X_i をすべて同じ正規分布 $N(\mu, \sigma^2)$ から取り出すとき、Y は

$$Y = (X_1 + X_2 + \cdots + X_n)/n$$

と表わされ、次の正規分布に従います。

$$N\left(\frac{1}{n}\mu + \frac{1}{n}\mu + \cdots + \frac{1}{n}\mu, \ \frac{1}{n^2}\sigma^2 + \cdots + \frac{1}{n^2}\sigma^2\right) = N\left(\frac{n}{n}\mu, \ \frac{n\sigma^2}{n^2}\right)$$

すなわち、Y は正規分布 $N(\mu, \sigma^2/n)$ に従います。

中心極限定理ではある集団から取り出すサンプルのサイズが大きいとき、その標本平均が作る分布は正規分布に近似されるということですが、定理1では元の集団が正規分布であればnが小さくても中心極限定理が成り立つことを意味しています。例えば、ある集団$N(4, 4)$からサンプルを8個取り出し、その標本平均を求める操作を数多く行なうと、得られた標本平均は期待値4、分散$4/8 = 1/2$の分布$N(4, 1/2)$に近づくと推定されます。これをグラフに表すと図7のような正規分布となります。標本平均の分布は母集団に比べてばらつきの小さい、平均に集中した分布であることが分かります。サンプルサイズを大きくすると、さらにこの傾向は強く現れます。

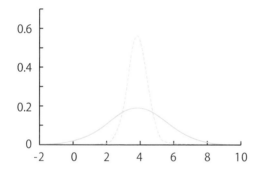

図7　標本平均の分布
実線は母集団の分布、破線は標本平均の分布（n=8）を示します。

例題 3

　正規母集団$N(7, 4)$から大きさ10の標本を抽出してはその標本平均を求める操作を数多く行ないました。このとき、標本平均の期待値と分散をそれぞれ求めなさい。

解答　中心極限定理を用いて標本平均の期待値は7、分散は$4/10 = 0.4$です。

クイズ3

工場Aではある期間、製品Sから毎日4件のサンプルを取り出し、重さを測ってはその平均を求める作業を続けました。その結果、その値は$N(320, 20)$に従っていました(単位:g)。この期間の製品Sを母集団としたとき、その重さの平均μと分散σ^2を推定しなさい。

クイズ4

上のクイズ3で、もしサンプルサイズを4から8に変更して平均を求めていたら、標本平均の示す分布はどのようになっていたでしょうか。

クイズ5

毎週農場Cで出荷されるりんごを無作為に8個取り出してはその1個あたりの糖度(%)の平均を出した結果、その平均は正規分布$N(8.6, 2.3)$に従うことが分かりました。このとき、農場Cで出荷されるりんご全体の糖度についてその平均μと標準偏差σを推定しなさい。

4. 正規母集団から抽出される分布

対象とする集団が正規分布を示す場合、そこから取り出したサンプルが示す分布があります。その代表的な例としてχ^2分布(カイ2乗とよびます)、F分布、t分布があります。正規分布は連続型分布であるため、これらの分布も連続型です。

4.1. χ^2分布

式(6)のように標準正規分布$N(0,1)$に従う集団からn個の独立した確率変数Xを取り出すとき、それらの2乗和Zの示す分布をχ^2分布といいます。χ^2分布は連続型分布の1つです。

$$Z = X_1^2 + X_2^2 + X_3^2 + \cdots + X_n^2 \tag{6}$$

この確率密度関数Zはn個の自由に動く確率変数Xから値が決まる関数であるため、自由度nのχ^2分布といいます。

自由度(Degree of freedom)とは母集団の中で自由に動ける確率変数の数を意味します。例えば3つの変数x, y, zがあって、これらの平均が

8と分かっている場合を考えます。2つの変数xとyがそれぞれ任意の値5と10をとると、平均が固定されているので、変数zの値は自由に動かせず一つに決まってしまいます（この例では9）。したがってこの自由度は変数の数3から1を引いて2となります。このように自由度はその分布に関与するすべての確率変数の中から制約を受ける確率変数の数を引いた値となります。

χ^2分布に従う確率密度関数の形状を実際にみてみましょう。図8にnの各値に対するχ^2分布を示します。ただし、$x \leq 0$では常に$f(x) = 0$のため図では示していません。ここではnが2, 5, 9の場合の分布を示しました。nが小さい値の場合は右側に緩やかな裾野をもつ山型の曲線ですが、nが大きくなるに従い、左右ほぼ対称の低い山型の曲線となります。

2乗和Xがある値以上となる確率を求めてみます。例えば、母集団N（0,1）からサンプルX_iを5個取り出し、その2乗和Xが9.24以上となる確率は図9の塗りつぶした部分に相当します。巻末のχ^2分布表を使うと、この部分の確率は0.1と求まります。すなわち、自由度5のとき、Xが9.24以上となる確率$P(9.24 \leq x \leq +\infty)$は0.1です。

Excel▶ 関数＝CHISQ.DIST.RT（9.24,5）で確率0.1が得られます。

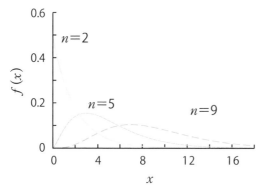

図8　χ^2分布の示す確率密度曲線

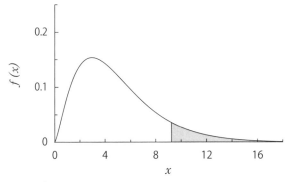

図9 χ^2分布（自由度5）の確率密度関数

9.24≦xの部分を塗りつぶしています。

また、χ^2分布は正規分布と同様、重ね合わせができます。すなわち、確率変数XとYが独立でそれぞれ自由度mとnのχ^2分布に従うとき、両者の和$X+Y$は自由度$m+n$のχ^2分布に従います。

例題 4

正規分布$N(0,1)$から7個のサンプルを無作為に取り出したとき、その2乗和が18.48を超える確率$P(18.48 \leqq x \leqq +\infty)$を求めなさい。

解答　この2乗和は自由度7のχ^2分布に従うと考えられます。巻末のχ^2分布表を使うと、$P(18.48 \leqq x \leqq +\infty)=0.01$が得られます。

クイズ 6

正規分布$N(0,1)$から4個のサンプルを無作為に取り出したとき、その2乗和が9.49を超える確率を求めなさい。

4.2. F分布

F分布はχ^2分布に従う2つの確率変数の比に関する分布です。F分布に関して次の定理が成り立ちます。

定理2　χ^2分布に従う互いに独立な2つの確率変数X_1とX_2の自由度が
それぞれmとnであるとき、X_1/mとX_2/nの比はF分布に従う。

$$X = \frac{X_1/m}{X_2/n} \tag{7}$$

F分布に従う確率変数Xの密度関数のグラフを描くと例えば図10のようになります。ここでは自由度 (m, n) が $(5, 6)$ のF分布のグラフを示します。右側にすそ野の広い山型の曲線を示します。なお、$x \leqq 0$の範囲では$f(x) = 0$ですので、グラフでは省略しています。図10でxが3以上の値をとる確率は0.107となり、$P(3 \leq x \leq +\infty) = 0.107$と表わします。図の塗りつぶした部分が該当する領域を示します。

Excel▶　関数=F.DIST.RT$(3, 5, 6)$ で0.107が得られます。この関数はXが指定した値から$+\infty$にわたる範囲での確率を示します。

4.3.　t分布

t分布も正規分布に従う集団から取り出したサンプルについて成り立つ分布です。この分布はあとで解説するように実際の統計処理によく使われ、特にサンプルサイズが比較的小さい場合に使われる分布です。t分布は自

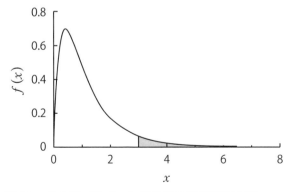

図10　自由度（5, 6）のF分布の確率密度曲線
$3 \leq x$の部分を塗りつぶしています。

由度（1, n）のF分布と考えることができます。つまり、自由度（1, n）のF分布に従う変数Xの平方根Tを考えたものです。

> 定理3　正規母集団$N(\mu, \sigma^2)$から大きさnの標本を無作為抽出し、その標本平均と標本分散をとるとき、式(8)のTは自由度$n-1$のt分布に従う。
>
> $$T = \frac{\sqrt{n-1}(\overline{X} - \mu)}{S} \qquad (8)$$

　この式(8)には既に母分散がなく、標本分散Sで表わされていることに注意してください。

　t分布に従う確率変数は連続型の変数で、その確率密度関数は図11のように確率変数$x = 0$を中心とする左右対称のベル型の曲線となり、標準正規分布によく似た形状を示します。詳細にみると、図に示すようにt分布の密度関数は正規分布よりもやや頂点が低くなだらかな曲線を描きます。また、サンプル数を増すと、標準化正規分布に近づくことが分かります。

　t分布に従う確率変数xがある値以上あるいは以下をとる確率を図12に示します。例として$x = 1.6$以上の値をとる確率$P(1.6 \leq x \leq +\infty)$の部分

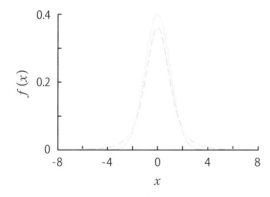

図 11　t分布の確率密度曲線
実線は自由度2、破線は自由度4のt分布の確率密度曲線を、点線は標準正規分布$N(0,1)$の確率密度曲線を示します。

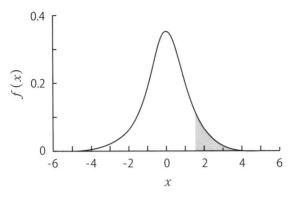

図12 t分布（自由度4）のグラフ
$x=1.6$以上の部分を塗りつぶしてあります。

を塗りつぶしてあり、その面積は全体の9.24%です。つまり、$P(1.6 \leq x \leq +\infty) = 0.0924$です。

Excel▶ t分布に従う確率変数Xがある値以上で起きる確率を求めたいとき、関数＝T.DIST.RT() を使います。下の図のようにXが1.6、自由度4を代入すると、確率0.0924…が得られます。

関数の引数		? ✕
T.DIST.RT		
X	1.6 ↕	= 1.6
自由度	4 ↕	= 4
		= 0.092424573

右側のスチューデントの t-分布を返します

　　　　　自由度　には自由度を表す整数値を指定します

平均が13の正規母集団から17個の標本を無作為抽出した結果、標本平均が10.5、標本分散が5.6でした。このような結果が生じる確率は5%より小さいですか。

解答　式(8)を用いて$T=\sqrt{(17-1)\times(10.5-13)}/\sqrt{5.6}=-4.23$と計算されます。巻末の$t$分布表（$\alpha=0.05$）から自由度16で両側5%（片側2.5%）以下の領域に入るのはTが2.12以上または-2.12以下の領域です。ここでは、Tの値が正か負かよりも、起こる確率として5%の領域に入るかが問題なので、両側合わせて5%（片側2.5%づつ）で判断します。図13に示すように$T=-4.23<-2.12$はこの5%の領域に入るため、このような結果が生じる確率は5%より小さいと判断できます。

Excel▶　関数$=$T.DIST.2T$(4.23,16)=0.0429$から確率0.000637…が得られます。

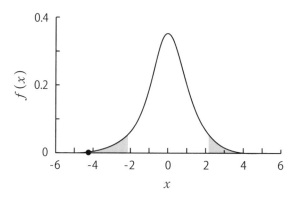

図13　t分布（自由度16）のグラフ
x=2.12以上およびx=-2.12以下の部分を塗りつぶしています。x=-4.23は黒丸で示しています。

クイズ7

　平均が13の正規母集団から17個の標本を無作為抽出した結果、標本平均が14.1、標本分散が4でした。このような結果が生じる確率は5％より小さいですか。

5．まとめ

　本章で説明した確率分布をまとめると、正規分布に従う確率変数の2乗和の示す分布がχ2乗分布であり、χ^2分布に従う2つの確率変数の比に関する分布がF分布です。F分布に従う変数の平方根が示す分布がt分布です。これらの確率分布の関連を第3章の図9に加えると、次の図14のようにまとめられます。

第4章　標本と母集団

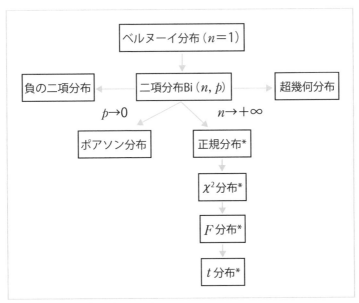

図14　各種確率分布の関連

推定

　統計学がもつ重要な役割の一つに統計的推定（Statistical estimation）
があります。つまり、測定や調査で得られた標本平均および標本分散から
元の集団の平均、分散など母数の値を推定することです。そのとき、標本
がもつ分布を考えて処理します。統計的推定には点推定と区間推定の2種
類があります。

1. 統計的推定

　測定や調査で得られたデータから取り出した元の集団の特徴を推定する
場合、母数が既知である場合とそうでない未知の場合があります。元の集
団の特徴を表す母平均μと母分散σ^2が分かっている場合はそれらを使っ
て推定します。一方、それらが未知の場合はデータから推定する必要があ
ります。その場合、元の集団の特徴を表す平均μと分散σ^2がそれぞれ標
本平均$\overline{X}$と標本分散S^2のような統計量の平均（期待値）として表せるとき、
これらを不偏推定量といいます。母数と不偏推定量の関係は次の式で表わ
されます。ここで、nはサンプルの大きさ、すなわちサイズを示します。

母平均μの不偏推定量$= \overline{X}$　　　　　　　　　　　　　　　　　　　(1)

母分散σ^2の不偏推定量$= \dfrac{n}{n-1}S^2 = U^2$　　　　　　　　　(2)

　平均μの不偏推定量は式(1)より標本平均がそのまま使えます。一方、母
分散σ^2の不偏推定量については式(2)の右辺は第1章で説明した不偏標本
分散U^2に等しいため、U^2が不偏推定量となります。したがって、データ
から母分散σ^2の不偏推定量を求める場合、次の式(3)に再掲するように直
接、偏差の2乗和を$n-1$で割った不偏標本分散U^2を求めて構いません。

$$U^2 = \frac{1}{n-1}\sum_{i=1}^{n}(X_i - \overline{X})^2 \qquad\qquad (3)$$

標本分散S^2をn倍した値と不偏標本分散U^2を$n-1$倍した値はどちら

も偏差の2乗和なので、等しくなります。S^2とU^2のどちらを使って統計解析しても同じ結果となりますが、この章以降では実際のデータ解析に合わせてU^2を使って解説します。

クイズ1

　　ある中学校2年生で数学の試験を行い、その中から8人の生徒の点数を無作為に取り出した結果、標本平均が71、標本分散が36でした。この集団の平均、分散の不偏推定量を求めなさい。

例題 1

　　ある高校の1年生に英語の試験を行い、生徒8名を無作為に選んだ結果、彼らの点数は次のとおりでした。

　56, 70, 91, 58, 47, 67, 81, 78

この高校の1年生全体を母集団とし、得たデータから母平均、母分散の不偏推定量を求めなさい。

解答　標本平均68.5から母平均の不偏推定量は式(1)より68.5となります。母分散の不偏推定量は式(3)より212となります。

Excel▶ 標本平均は＝AVERAGE()で、不偏標本分散＝VAR.S()を使って得られます。なお、標本分散は＝VAR.P()で得られます。

2．点推定

　点推定(Point estimation)では母数の推定値を例えば製品Sの内容量(g)の推定した平均は932である、というように特定の値で示します。そのため、点推定による値は扱いやすいという長所があります。

　点推定の方法としては上述したように標本平均と標本分散から不偏推定量を求める方法があります。もう一つの方法として最尤（さいゆう）推定法（Maximum likelihood estimation）があります。尤は「尤（もっと）

もらしい」という意味ですから、最尤法は最も尤もらしいこと、すなわち起こりうる確率が最大となるような値を求める方法と解釈できます。

　例えば、サイコロを振って5の目が出る確率pを最尤法で求めましょう。そのサイコロを4回振った結果、出た目は2、4、5、1でした。5以外の目が出る確率は$1-p$ですから、このような結果となる確率$L(p)$は4回の事象が起きる各確率の積として$L(p)=(1-p)(1-p)p(1-p)=p(1-p)^3$と表せます。この$L(p)$のように目的の結果が起こりうる確率を表す関数を尤度関数とよび、最尤推定法では尤度関数を最大とするようなパラメーター値を求める母数の推定値とします。サイコロの例では尤度関数$L(p)$は図1のように描けます。$p=0.25$のときこの関数の値は最大となるので、この値が求めるpの推定値となります。なお、$L(p)$をpで微分し、増減表を作っても$p=0.25$のとき$L(p)$の最大値が得られます。

　母集団を表す確率変数が従う分布が事前にわかっている場合を次の例で考えてみましょう。製品Aの中から3つのサンプルを無作為に選び、その重量(g)を測った結果、124, 103, 118となりました。製品Aの重量は分散10の正規分布に従うことがわかっています。このとき、製品Aの重量の平均μを最尤法で求めます。測定結果となる確率$L(\mu)$は正規分布による各確率の積$L_i(\mu)$となり、μの関数として表せます。ここでi=1, 2, 3です。この例では各確率$L_i(\mu)$は正規分布の密度関数で表せますから、$L(\mu)$は次の式となります。

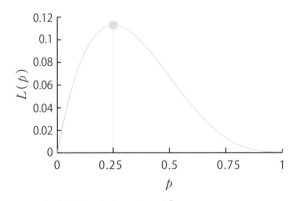

図1　尤度関数 $L(p)=p(1-p)^3$
丸はこの関数の最大値を示します。

$$L(\mu) = L_1(\mu)L_2(\mu)L_3(\mu)$$
$$= \frac{1}{\sqrt{2\pi \times 10}}e^{-\frac{(124-\mu)^2}{2\times 10}}\frac{1}{\sqrt{2\pi \times 10}}e^{-\frac{(103-\mu)^2}{2\times 10}}\frac{1}{\sqrt{2\pi \times 10}}e^{-\frac{(118-\mu)^2}{2\times 10}}$$

この式を整理すると、次のようになります。

$$L(\mu) = \left(\frac{1}{\sqrt{2\pi \times 10}}\right)^3 e^{-\frac{(124-\mu)^2}{2\times 10}-\frac{(103-\mu)^2}{2\times 10}-\frac{(118-\mu)^2}{2\times 10}}$$

ここで、$L(\mu)$のeの指数部分から、次に示す関数$M(\mu)$を考えます。

$$M(\mu) = -(124-\mu)^2 -(103-\mu)^2 -(118-\mu)^2$$

$M(\mu)$を最大にするμの値が$L(\mu)$を最大にします。$M(\mu)$の式を整理すると、次のようになります。

$$M(\mu) = -3\mu^2 +690\mu -39909 = -3(\mu^2 -230\mu +13303)$$
$$= -3(\mu-115)^2 -234$$

$M(\mu)$はμの2次関数で、$\mu=115$のとき図2に示すように最大となります。

したがって、$\mu=115$のとき、確率$L(\mu)$は最大となり、このμの値が母平均と推定されます。一方、データの標本平均は$(124+103+118)/3=115$であり、最尤推定法による値と一致します。一般に標本平均と最尤法による推定母平均とは必ずしも一致しません。このように確率から求める最尤推定法は統計学で重要な手法の一つです。

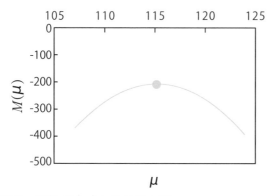

図2　関数$M(\mu)$とその最大値
丸は$M(\mu)$の最大値を示しています。

3. 区間推定

　点推定による値は1つの推定値ですが、それに対して区間推定（Interval estimation）では未知母数θがある確率で区間$\Theta1$と$\Theta2$の間に存在すると考えます。$\Theta1$と$\Theta2$を信頼限界、推定に用いる確率（例えば95%）を信頼水準（Confidence level）、$\Theta1$から$\Theta2$までの区間を信頼区間といいます。区間推定ではその区間に信頼水準、すなわち信頼の程度を明示できるという長所があります。ここでは標本から母平均の区間推定方法について説明します。推定する際、元の集団の母分散が既知の場合と未知の場合に分けて考えられます。

①母分散が既知の場合

　分散σ^2が既知の母集団からサンプルをn個無作為に抽出して標本平均$\overline{X}$を得たとします。このとき、母集団の平均μを信頼水準γで区間推定してみましょう。その標本平均$\overline{X}$は中心極限定理から正規分布$N(\mu, \sigma^2/n)$に従うので、次の式のように標準化変換したZは正規分布$N(0,1)$に従います。

$$Z = \frac{\overline{X} - \mu}{\sigma/\sqrt{n}} \tag{4}$$

　Zの確率密度関数は$z=0$を中心とした左右対称のベル型曲線を示しますから、信頼水準γから決まる信頼限界$-Z_1$とZ_1を使って母平均を推定できます。例えば、信頼水準γを0.95と決めると、正規分布表からa=0.05よりZ_1=1.96が得られます。

　$-Z_1$とZ_1の値から次の関係が成り立ちます。

$$-Z_1 < \frac{\overline{X} - \mu}{\sigma/\sqrt{n}} < Z_1 \tag{5}$$

　これをグラフで表すと図3のように示されます。信頼水準は確率密度曲線と直線$-Z_1$とZ_1で囲まれて塗りつぶされた部分の面積に当たります。なお、図の両側にある該当しない白色部分の面積はともに2.5%で、和が5%となります。信頼水準が90%のときはZ_1=1.65となり、信頼水準が小さいほど、信頼区間も狭くなります。

　式(5)をμについて解くと、次の式が導き出されます。

$$\overline{X} - \frac{\sigma}{\sqrt{n}}Z_1 < \mu < \overline{X} + \frac{\sigma}{\sqrt{n}}Z_1 \tag{6}$$

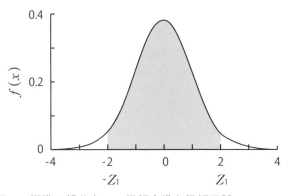

図3 標準正規分布での信頼水準と信頼区間

曲線は$N(0,1)$の確率密度曲線です。信頼水準を0.95としたときの信頼区間を塗りつぶしてあります。ここで、Z_1=1.96です。

この式に$\overline{X}$、σ、Z_1およびnの値を代入すれば、μの区間推定ができます。

例題 2

　　ある農場でとれる殻付き鶏卵1個当たりの重量(g)の分散は16と分かっています。本日とれた鶏卵から25個を無作為に抜き取って測った平均は63でした。本日とれた鶏卵について信頼水準γ=0.95で鶏卵重量の母平均μの信頼区間(g)を求めなさい。

解答　式(6)に$\overline{X}$=63、σ=$\sqrt{16}$=4、Z_1=1.96およびn=25をそれぞれ代入して求めます。

$$63-\frac{4}{\sqrt{25}}\times1.96<\mu<63+\frac{4}{\sqrt{25}}\times1.96$$

これを計算すると、母平均の信頼区間(g)は61.4 <μ< 64.6となります。

クイズ 2

　　ある農園で出荷するリンゴ1個当たりの重量(g)の分散は64と分かっています。本日出荷するリンゴから25個を無作為に取り出し、その重量を測った結果、平均は295でした。本日出荷するリンゴの重量について、信頼水準γ=0.90で母平均μの信頼区間を求めなさい。

ただし、信頼区間で注意しなければいけない点は、例えば信頼水準を0.95
としたとき母集団の対象とするパラメータ（ここでは平均）が95％の確
率で信頼区間に存在することではない点です。分りにくいのですが、95％
の信頼区間は「母集団からサンプルを取ってその平均から信頼区間を求め
るという操作を100回行なったときに、95回はその区間の中に母平均が含
まれる」という意味になります。

②母分散が未知の場合

　実際の実験および調査では多くの場合、対象とする集団の母分散σ^2は
未知ですが、不偏標本分散U^2はデータから求められます。そのときは上
記のような正規分布が使えないため、代わって不偏標本分散を用いたF分
布あるいはt分布を使って推定を行います。ここではt分布を用いた推定
を説明します。

　平均μのある母集団からn個のサンプルを無作為に抽出して標本平均$\overline{X}$
と不偏標本分散U^2を得たとします。このとき、次の統計量Tは自由度
$n-1$のt分布に従います。

$$T = \frac{\overline{X} - \mu}{u/\sqrt{n}} \tag{7}$$

　このTを使って上記の標準正規分布と同様に推定を行ないます。t分布
は平均値$t=0$を中心にして左右対称のベル型曲線を示しますから、図4
に示すように$t=-t_1$とt_1の間の部分の面積が信頼水準γとなるような
$t_1(>0)$の値を求めればよいわけです。

　t分布表からこのt_1の値を求めると、式(7)から次の関係が成り立ちます。

$$-t_1 < \frac{\overline{X} - \mu}{u/\sqrt{n}} < t_1 \tag{8}$$

　これをμについて解くと、次の式が成り立ちます。

$$\overline{X} - \frac{ut_1}{\sqrt{n}} < \mu < \overline{X} + \frac{ut_1}{\sqrt{n}} \tag{9}$$

　この式に$\overline{X}$、u、t_1およびnの値をそれぞれ代入すれば、μの区間推定
ができます。

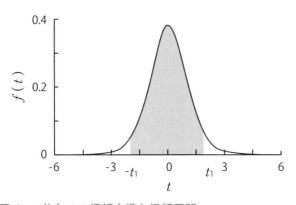

図4　t分布での信頼水準と信頼区間
曲線は自由度30のt分布に従う確率密度曲線です。信頼水準を0.95としたときの信頼区間を塗りつぶしてあります。ここで、t_1=2.04です。

例題 3

　　ある集団からサンプルサイズ16で無作為に抜き取った標本の平均が12、不偏標本分散が9であるとき、信頼水準γ=0.95で母平均μの信頼区間を求めなさい。

解答　式(9)に$\overline{X}$=12、$u=\sqrt{9}$=3、n=16を代入します。t_1は自由度15でt分布表からα=0.05となる値ですからt_1=2.13です。したがって

$$12-\frac{3\times 2.13}{\sqrt{16}} < \mu < 12+\frac{3\times 2.13}{\sqrt{16}}$$

となり、これを計算して、10.4<μ<13.6と推定できます。

クイズ 3

　　ある高校1年生の男子生徒から31人を無作為に選び、その体重(kg)を測定した結果、平均が56、不偏標本分散が25でした。この高校の1年生男子生徒全体の平均体重μの信頼区間を信頼水準γ=0.95で求めなさい。ただし、$\sqrt{31}$≈5.57です。

■ 参考 ■ 母分散の推定

　抽出した標本から母分散の区間推定をするにはどうすればよいでしょうか。正規母集団 $N(\mu, \sigma^2)$ から大きさ $n=8$ の標本を無作為抽出したとします。その不偏標本分散 U^2 から母分散を信頼水準 γ で区間推定してみましょう。このとき、統計量 $Z = \dfrac{(n-1)U^2}{\sigma^2}$ は自由度 $n-1$ の χ^2 分布に従います。この σ^2 について区間推定を行ないます。Z を確率変数 X と考えると、母平均と同様、図 5 に示すように χ^2 分布の確率密度曲線と直線 $x=x_1$ と $x=x_2$ で囲まれた部分の面積が信頼水準となるような x_1 と x_2 の値を求めればよいことになります。ここで、図の塗りつぶした部分の両側の部分（共に白抜き部分）、つまり $0 < x \leq x_1$ の範囲と $x_2 \leq x < +\infty$ の範囲の面積を等しくします。すなわち、各面積が共に $(1-\gamma)/2$ となるように x_1 と x_2 の値を決めます。この図では塗りつぶした部分の面積は $\gamma=95\%$ です。そのため両側の白色部分の面積はともに 2.5% となり、χ^2 分布表から自由度 7 で $\alpha=0.975$ より $x_1=1.69$ が、$\alpha=0.025$ より $x_2=16.0$ が決まります。

　得られた x_1 と x_2 の値から確率変数 $X (= (n-1)U^2/\sigma^2)$ について次の式が成り立ちます。

$$x_1 < \frac{(n-1)U^2}{\sigma^2} < x_2 \tag{10}$$

これを σ^2 について解くと次の式が得られ、この範囲が母分散 σ^2 の信頼区間となります。

$$\frac{(n-1)U^2}{x_2} < \sigma^2 < \frac{(n-1)U^2}{x_1} \tag{11}$$

最後に式(11)の n、U^2、x_1 と x_2 に数値を代入すれば、信頼区間が得られます。

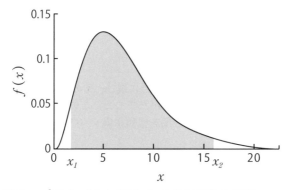

図 5　χ^2 分布（自由度 7）による母分散の推定
塗りつぶした部分の面積の全体に対する比率が信頼水準 γ（ここでは95%）になるように x_1 と x_2 の値を決めます。

例題 4

> ある高等学校の2年生に数学の試験を行い、その中から8人の生徒の点数を無作為に取り出した結果、標本平均が71、不偏標本分散が35でした。この2年生全体の分散の信頼区間を信頼水準95%で推定しなさい。

解答　この高等学校の2年生は多くの人数がいると考えられるので、数学の点数も正規分布に従うと考えられます。$n=8$、$U^2=35$、χ^2分布表から自由度$8-1=7$と信頼水準95%で（図5と同じ）$x_1=1.69$と$x_2=16.0$が得られます。これらを式(11)に代入すると、信頼区間は$7 \times 35/16.0 < \sigma^2 < 7 \times 35/1.69$より$15.3 < \sigma^2 < 145$となります。

クイズ 4

> 数多く飼育している実験用マウスから任意に9匹を取り出し、その体重（g）を測った結果、標本平均が23.2、不偏標本分散が7.0でした。このマウス全体の分散の信頼区間を信頼水準95%で推定しなさい。

4. 母比率の推定

　これまでは抽出したサンプルについて得られた重量、長さ、点数など定量的なデータを対象として推定しました。このようなデータを計量データともいいます。一方、サンプルから得られたデータにはイエスかノーか、陽性か陰性かなどの2つの選択肢のどちらかしかなく、その比率が調査対象となるデータも多くあります。また、定量的に測定した数値データも基準値以上か未満かで2つのグループに分ける場合もあります。このようなデータを計数データとよびます。

　例えば、Q県の県民のCウィルス感染について考えるとき、各県民は感染が陽性か陰性かであり、陽性者を1、陰性者を0とおくと、この県民集団のデータは非常に数多くの1と0の集団となります。この集団の陽性率

（ここでは1の比率）を母比率とよびます。

　集団の中である個体が陽性か陰性かを確率変数 X を使って考えます。その個体が陽性のとき $X=1$、陰性のとき $X=0$ と置くと、X はベルヌーイ分布に従うと考えられます。$X=1$ となる確率を p とすれば、$X=0$ となる確率は $1-p$ となります。ただし、$0 \leq p \leq 1$ です。このとき、第3章で説明したように X は平均 p、分散 $p(1-p)$ のベルヌーイ分布に従うと考えられます。

　次に、1と0からなる集合から大きさ n のサンプル X_i を無作為に取り出し、その標本平均 $\overline{X}$ を式(12)のように考えます。ただし、i＝1, 2, 3, …, n です。

$$\overline{X} = \frac{X_1 + X_2 + X_3 + \cdots + X_n}{n} \tag{12}$$

　X_i は1か0の値しかとらないので、$\overline{X}$ は標本から取り出した比率、すなわち標本比率を表します。Q県の県民の例で100人検査した結果、31人がウィルスC陽性であれば、$\overline{X}$ は0.31となり、これが標本比率です。

　各サンプル X_i はベルヌーイ分布に従うので、サンプルサイズ n が十分大きいとき、中心極限定理からその標本平均 $\overline{X}$ は $N(p, p(1-p)/n)$ に従うと考えられます。

　標本平均の従う分布が分かったので、これまでと同じ方法で母比率 p が区間推定できます。つまり、この正規分布を標準化して次の変数 Z を得ます。

$$Z = \frac{\overline{X} - p}{\sqrt{p(1-p)/n}} \tag{13}$$

　次に信頼水準 γ から信頼限界 $-Z_1$ と Z_1 を決めます。例えば、信頼水準 γ を0.95と決めると、正規分布表から $a=0.05$ より $Z_1=1.96$ が得られます。次に $-Z_1 < Z < Z_1$ を p について解くと、次の区間推定を表す式が得られます。

$$\overline{X} - \sqrt{\frac{p(1-p)}{n}} \cdot Z_1 < p < \overline{X} + \sqrt{\frac{p(1-p)}{n}} \cdot Z_1 \tag{14}$$

　ここで、式の根号内の p は n が十分大きいとき、標本平均 $\overline{X}$ と等しいと考えられるので、$\overline{X}$ で置き換えると最終的に次の式が得られます。

$$\overline{X} - \sqrt{\frac{\overline{X}(1-\overline{X})}{n}} \cdot Z_1 < p < \overline{X} + \sqrt{\frac{\overline{X}(1-\overline{X})}{n}} \cdot Z_1 \tag{15}$$

この式に$\overline{X}$とn、Z_1を代入するとpの区間推定ができます。

上記したQ県での感染率を区間推定すると、信頼水準$\gamma=0.95$とし、$n=100$、$\overline{X}=0.31$を使って

$$0.31-\sqrt{\frac{0.31(1-0.31)}{100}}\times1.96 < p < 0.31+\sqrt{\frac{0.31(1-0.31)}{100}}\times1.96$$

となり、最終的に$0.219<p<0.401$と推定できます。

これまでの説明で気が付いたと思われますが、統計学で推定等を行なう際、サンプルの大きさが大きく結果に影響することが分かります。区間推定でもサンプルサイズが大きいほど小さい区間を推定できます。この例では$n=100$を$n=10$にすると、推定区間は$0.0233<p<0.597$に拡がります。

クイズ5

A県の県民120人を任意に選び、ウィルスCの検査をした結果、23人が陽性でした。このとき、A県でのウィルス感染率を信頼水準$\gamma=0.95$で推定しなさい。空欄を埋めなさい。

式(15)に$\overline{X}=23/120=0.192$と$n=120$、$Z_1=1.96$を代入して

$$\boxed{A}-\sqrt{\frac{\boxed{B}(1-\boxed{C})}{\boxed{D}}}\times1.96 < p < \boxed{E}+\sqrt{\frac{\boxed{F}(1-\boxed{G})}{\boxed{H}}}\times1.96$$

これを計算すると、$0.122<p<0.262$と推定されます。

第 6 章

統計学的検定

統計学的検定（Statistical test）は統計学において非常に重要な分野の一つです。実験や調査などで得られたデータを決められた手順に従って判定します。ここではエクセルを使った検定例を示しながら、その基礎を解説します。

1. 統計学的検定の手順

　私たちが実験や調査、検査などで対象とする集団からデータを集める理由はいろいろありますが、その一つは得たデータからある判定をすることにあります。例えば、製品AとBの性能に優劣があるかどうかを決めたい、この広告で本当に販売量が増えたかを知りたい、この実験条件で本当に生成量が増えたのかを知りたいなど様々な目的に応じて判定を下す必要があります。このような目的のために科学的、客観的に判定をしたいときに統計学的検定をします。

　ただし、実験や調査でいくら注意深く取り出したサンプルもバラつきが多少なりとも必ずあります。これをデータの変動性（Variability）といい、本質的にあるので、0にすることはできません。また、取り出したサンプルは必ずしも元の集団をそのまま表わしている訳ではありません。しかもサンプルサイズがいろいろな制約によって十分大きくない場合も多くあります。しかし、統計学的検定ではこのような各種の制約を考慮し、確率的に最終的な判定をすることができます。

① 仮説の設定

　統計学的検定を行うには確立された手順に従って行う必要があります。つまり、対象とする集団のパラメーターについて仮説を立て、次にそれが成り立つか否かを確率的に判定します。そのためにデータから求めた統計量を使って、立てた仮説を採択するか棄却します。この統計量は特に検定統計量ともいいます。この検定統計量の値が確率的にほとんど起こりえな

い領域（これを棄却域といいます）に入れば、その仮説は棄却されます。また棄却域に入らず、よく起こりうる領域（採択域）に入れば、棄却されません。この棄却されるかどうかを判定する基準を有意水準（Significant level）または危険率とよびます。一般に有意水準は0.05または0.01を多く使います。ただし、どのような値が最適かは明確な根拠はなく、経験的に決められています。

　例えば製品Aと製品Bの耐久時間が等しいか否かを統計学的に検定したいとき、「製品AとBの耐久時間の平均μ_Aおよびμ_Bは等しい」を仮説H_0とします。平均μ_Aとμ_Bに差があるかどうかを検定するとき、このように統計学的に本質的な差はない、つまり2つの平均は等しいと仮定するのが帰無（きむ）仮説（Null hypothesis, H_0）とよばれる仮説です。この例では「$H_0: \mu_A = \mu_B$」と表します。帰無仮説は棄却されると「無に帰（き）す」という明確な意味をもちます。検定は帰無仮説が棄却されることを意図して行います。一般に帰無仮説は本質的に相違はない、特別なことはない、という肯定的な内容となります。

　統計学的検定は仮説を積極的に認めるかではなく、仮説を棄却するかしないかという論理であることに注意が必要です。したがって、仮説が採択されても仮説が全く正しいとはいえません。厳密には「仮説が正しくないとはいえない」を意味します。

　帰無仮説に対応する仮説を対立仮説（Alternative hypothesis, H_1）といいます。検定では対立仮説も決めておき、もし帰無仮説が棄却された場合、対立仮説が採用されます。対立仮説では本質的な差があると考え、上の例では2つの平均は異なると仮定します。対立仮説はどのような目的で検定するかで2種類あります。単に比較する両者が違うこと、この例では2つの平均が異なること、すなわち「$H_1: \mu_A \neq \mu_B$」を予想して行う検定と、両者の大小関係、つまり「$H_1: \mu_A < \mu_B$ または $\mu_A > \mu_B$」を予想して行う検定の2種類です。それぞれ両側検定（Two-sided test）および片側検定（One-sided test）とよばれます。なお、上の例では単に2つの平均が等しいかどうかを判定したいので、対立仮説は両側検定になります。

② 検定統計量の計算

　検定統計量としては検定に応じてZ値やt値などがあります。上の例では製品AとBからそれぞれ複数のサンプルを取り出し、耐久時間を調べます。得られたデータから平均、標準偏差などの統計量を計算し、さらに検

定統計量、この例ではZの値を求めます。

③　判定

　検定統計量の値から最終的な判定をします。両側検定では標準正規分布に従うZを検定統計量としたとき、図1aのように有意水準の領域、つまり棄却域は両側にあります。有意水準が5％のとき、片側2.5％ずつの面積となります。そのときZの境界値は1.96と−1.96ですから、データから計算して得られたZの値が1.2のときは棄却域には入りませんが、2.2あるいは−2.3のときは棄却域に入ります。一方、片側検定では大小どちらを考えるかでさらに右側検定と左側検定の2種類あり、それぞれ図1bとcに該当します。境界値は有意水準が5％のときそれぞれ1.65と−1.65になります。例えば、右側検定でZの値が1.4となった場合は棄却域には入りませんが、1.8の場合は棄却域に入ります。左側検定ではZの値が負ですが、同様に考えます。

　データから得られた検定統計量が有意水準で設定した棄却域に入った場合、本質的な差があると考え、帰無仮説は棄却されます。一方、検定統計量が棄却域に入らなければ、仮説は棄却されません。しかし、この場合は上述したように積極的に仮説を認めるというよりも棄却することができなかった、有意な差がなかった、という解釈になります。

　統計学的検定は確率的に判定されるため、当然、ある確率で誤り、すなわちエラー（Error）が生じます。検定のエラーには2種類あります。一つ目のエラーはデータは何も本質的な差を示しておらず、帰無仮説が正しいのにかかわらず（起こる確率が偶然、有意水準より小さかったため）帰無仮説を棄却してしまうエラーです。これを第1種の誤りといいます。したがってこのタイプのエラーを起こす確率は有意水準の値となります。二つ目のエラーはデータが何か本質的な差を示していて対立仮説が正しいのにかかわらず、帰無仮説を棄却しないエラーです。これを第2種の誤りといいます。

　では、実際に例題を使って検定をしましょう。

a. 両側検定

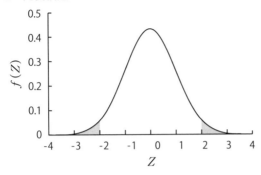

b. 片側検定（右側検定）

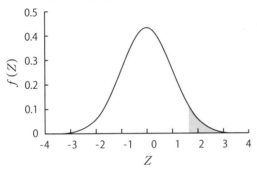

c. 片側検定（左側検定）

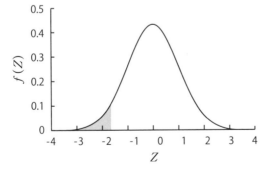

図1　有意水準と棄却域
標準正規分布に従う確率変数Zの密度関数曲線に対して有意水準（5%の場合）に当たる部分を塗りつぶしています。

例題 1

　　あるコインを300回トスしたところ、表が131回出ました。
①、②をそれぞれ有意水準0.05で検定しなさい。

1. このコインはトスに関して公平な（偏りのない）コインですか？
2. このコインは表が出にくいといえますか？

解答　検定を行う前に、コインの表と裏が出る事象はどのような分布に従うかを確認する必要があります。この事象は表と裏の二つしか起こらないので、二項分布に従うと考えられます。公平なコインであれば、300回トスして表が出る回数は150回と予測されます。このコインはそれが131回ですから、この差を検定で判定します。

1. 表の出る確率をpとすると、トスに関して偏りのないコインは$p=1/2$と考えられます。したがって帰無仮説H_0は「$p=1/2$である」となります。対立仮説H_1は「pは$1/2$でない」となり、有意水準0.05で両側検定を行うことになります。偏りのないコインでは300回トスして表が出る回数は二項分布$Bi(300, 1/2)$で表されます。したがって、その平均と分散は$np=300 \times (1/2)=150, np(1-p)=300 \times (1/2)(1-1/2)=75=8.66^2$と計算できます。ここが解法のポイントです。

この問題で試行回数は300回と非常に多いので、この分布は正規分布に従うと近似できます。すなわち、このコインの表の出る回数は（平均と分散はそのままにした）$N(150, 8.66^2)$に従うと考えられます。この分布を標準化すると、実際に表の出た回数Xから求めた次の統計量Zは$N(0,1)$に従うと考えられます。これがこの問題の検定統計量になります。

$$Z = \frac{X - \mu}{\sigma}$$

ここで$X=131$、$\mu=150$および$\sigma=8.66$ですから、このコインでは$Z=(131-150)/8.66=-2.19$となります。両側検定で有意水準0.05のとき、棄却域は図1aに示すように、$Z>1.96$および$Z<-1.96$の部分ですが、$Z=-2.19$はこの棄却域に入ります（図2）。従って帰無仮説は棄却され、このコインは公平でない（偏りがある）と判定されます。

2. このコインで表の出た回数は確かに平均150よりも小さい値です。そこで、このコインは表が出にくいかどうか、大小関係を考えて検定すると、対立仮説H₁は「$p<1/2$である」となります。この場合、検定は片側検定で、特にこの場合は小さいことを検定するので、左側検定を行ないます。検定統計量Zは①と全く同様に考えて、$Z=-2.19$です。左側検定で有意水準0.05のとき、棄却域は図1cに示すように$Z<-1.65$の部分です。$Z=-2.19<-1.65$は図3のように棄却域に入りますので、帰無仮説は棄却され、このコインは表が出にくい（裏が出やすい）と判定されます。

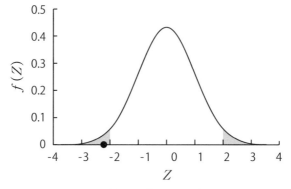

図2 統計検定量と棄却域（両側検定）
黒丸は$Z=-2.19$の位置を示します。塗りつぶされた部分は棄却域を示します。

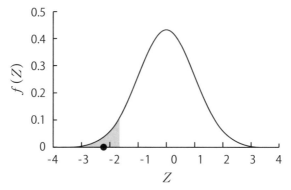

図3 統計検定量と棄却域（片側検定）
黒丸は$Z=-2.19$の位置を示します。塗りつぶされた部分は棄却域を示します。

このように標準正規分布に従う統計量を用いて検定する方法をz検定（ztest）とよびます。この例題では事象が2項分布に従うことから対象集団の平均と分散が得られ、また試行回数が多いので正規分布が適用でき、最後に標準化変換をして、検定をしました。

また、この例題のようにある1つの集団からサンプルを取り出して行う検定を1標本検定（One-sample hypothesis test）といいます。2つの集団からそれぞれサンプルを取り出して行う検定を2標本検定（Two-sample hypothesis test）といいます。3つ以上の集団についての検定も当然ありますが、本書では割愛します。

クイズ 1

あるサイコロを300回振ったところ、5の目が42回出ました。このサイコロは公平なサイコロですか？有意水準0.05で検定しなさい。次の空欄$\boxed{A}$から$\boxed{R}$を埋めなさい。

帰無仮説として「このサイコロは公平である」を考えます。すなわち、このサイコロで5の目が出る確率をpとすると、H_0は「$p=\boxed{A}$である」です。対立仮説H_1は「$p=\boxed{A}$でない」となります。したがって、両側検定を行うことになります。300回振って5の目が出る回数は2項分布$\mathrm{Bi}(\boxed{B}, \boxed{C})$に従うと考えられます。したがってその平均と分散は次のようになります。

$$\mu = \boxed{D} \times \boxed{E} = 50 \qquad \sigma^2 = \boxed{F} \times \boxed{G} \times (1-\boxed{H}) = 41.67\ldots \approx 6.45^2$$

一方、サイコロを振る回数は$\boxed{I}$回と多いので、出る回数Xは正規分布$N(\boxed{J}, \boxed{K}^2)$に従うとみなせます。従って、次の標準化変換をした統計量Zは$N(\boxed{L}, \boxed{M})$に従います。

$$Z = \frac{X-\mu}{\sigma}$$

このサイコロでは$X=42$ですから$Z=(42-\boxed{N})/\boxed{O}=-1.24$となります。標準正規分布で両側の棄却域の面積の和が5%となるのは$Z=\boxed{P}$以上および$Z=-\boxed{P}$以下の領域です。$-\boxed{P}<Z=-1.24$より図1aで示されるように$Z=-1.24$は棄却域に入らないので、帰無仮説は棄却され$\boxed{Q}$。したがって、このサイコロは$\boxed{R}$と判定されます。

クイズ2

あるサイコロを300回振ったところ、5の目が55回出ました。このサイコロは5の目が出やすいといえますか。有意水準0.05で検定しなさい。

2. 母数の検定

対象とする集団が正規母集団と考えられる場合、以下の母数（母平均、母分散、母比率）に関する検定ができます。それぞれ母数が既知の場合と未知の場合で分けて考えます。また、対象の標本が1つの場合（1標本問題）と2つの場合（2標本問題）があります。まず、最も検定で使われる平均についてこれらの場合に分けて説明します。

2.1. 平均に関する検定（1標本）

母分散が既知の場合は、下に再掲する第4章の定理1を用いて、標準化を行い、検定します。

> **定理1** 正規分布 $N(\mu, \sigma^2)$ に従う集団から n 個のサンプルを無作為に抽出したとき、その標本平均はサンプルサイズ n の大きさにかかわらず正規分布 $N(\mu, \sigma^2/n)$ に従う。

例題2

昨日、生徒が36人のクラスで英語の試験を行なった結果、平均点は67.8でした。毎年この試験の平均点は70.1、標準偏差5.9の正規分布に従っているとすると、昨日の平均は通常の値と異なっているか、有意水準5%で検定しなさい。

解答　帰無仮説として H_0「昨日の平均は通常の平均、つまり母平均と等しい」を立てます。差異があるかを検定するので、両側検定をします。定理1を用いると、次の検定統計量 Z は $N(0,1)$ に従うと考えられます。

$$Z = \frac{\overline{X} - \mu}{\sigma/\sqrt{n}}$$

この統計量を計算すると、$Z = (67.8-70.1)/(5.9/\sqrt{36})$

=−2.34となります。$Z = -2.34 < -1.96$ となり、Z は5％棄却域に入ります。その結果、仮説は棄却され、両者に有意差が認められ、昨日の平均は通常の平均と異なると判定されます。

Excel▶ 今回の平均およびそれ以下の値となる確率は関数＝NORM.S.DIST（−2.34,TRUE）より0.00964と得られます。（この値は後述するp値になります。）

クイズ3

昨日、あるクラスの生徒36人が数学の試験を行なった結果、平均点は68.2でした。毎年この試験の平均は70.1、標準偏差8.9の正規分布に従っているとすると、昨日の平均は通常の値より低いといえるか、有意水準5％で検定しなさい。

実際の実験や調査で母分散が既知であることは稀です。母分散が未知の場合、その推定量である不偏標本分散 U^2 を用いて t 検定を行います。すなわち、下に再掲する第4章の定理3を使います。ただし、ここでは標本分散を不偏標本分散に置き換えています。

定理3 正規母集団 $N(\mu, \sigma^2)$ から大きさ n の標本を無作為抽出し、その標本平均と不偏標本分散をとるとき、次の T は自由度 $n-1$ の t 分布に従う。

$$T = \frac{\sqrt{n}(\overline{X} - \mu)}{U}$$

例題 3

　　昨日、ある養鶏場で31個の鶏卵を無作為に選び、1個あたりの重さを測定した結果、平均64.8g、不偏標準偏差6.8gでした。通常、この養鶏場の平均は61.3gの正規分布に従っているとすると、昨日の平均は通常の値と離れているか、有意水準5％で検定しなさい。

解答　帰無仮説としてH₀「昨日の平均は通常の平均と等しい」を立てます。定理3を用いてTの値を計算すると、$T=\sqrt{31}\times(64.8-61.3)/6.8=2.87$となります。この問題は両側検定を行うので、$t$分布表から有意水準5％、自由度30で棄却域は片側2.5％ずつで$T<-2.042$および$2.042<T$とわかります。$2.042<T=2.87$より、この値は棄却域に入ることが分かります。したがって仮説は棄却され、通常の平均と有意に離れているといえます。

Excel▶　関数＝T.DIST.RTを使って下の図のように、この値およびそれ以上の値となる確率（p値）は0.00372…と得られます。

関数の引数

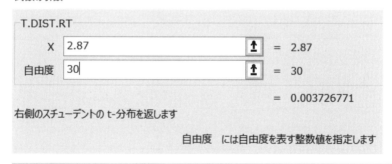

クイズ 4

　　ある養鶏場で昨日31個の鶏卵を無作為に選び、1個当りの重さを測定した結果、平均64.8g、不偏標準偏差8.5gでした。通常この養鶏場での平均は62.3gの正規分布に従っているとすると、昨日の平均は通常の値より大きいといえるか、有意水準5％で検定しなさい。次の空欄

Aから E を埋めなさい。

帰無仮説としてH₀「昨日の平均は通常の平均と等しい」を立て
ます。定理3を用いてTの値を計算すると、$T=\sqrt{A} \times (64.8-B)$
$/C=1.64$ となります。大小関係を調べたいので、片側検定をし
ます。t分布表から有意水準5％、自由度 D で棄却域は（両側検
定で有意水準10％の値から） E $<T$ とわかります。$T=1.64<$ E
より、この値は棄却域に入らないことが分かります。したがっ
て仮説は棄却されず、昨日の平均は通常より大きいとはいえな
いと判定されます。

2.2. 平均に関する検定（2標本）

母分散が既知の2つの正規母集団から抽出したサンプルについて母平均
の差を検定できます。すなわち、ある集団 $N(\mu_x, \sigma_x{}^2)$ からサイズ m のサ
ンプルを取り出し、その標本平均を $\overline{X}$ とします。同様に、別の集団 N
$(\mu_y, \sigma_y{}^2)$ からサイズ n のサンプルを取り出し、その標本平均を $\overline{Y}$ とします。
$\overline{X}$ と $\overline{Y}$ の差 $\overline{X}-\overline{Y}$ は正規分布の重ね合わせ（1次結合）により、$N(\mu_x-\mu_y,$
$\sigma_x{}^2/m+\sigma_y{}^2/n)$ に従います。分散は各分散の和になっていることに注意
してください。この平均と分散を使って標準化変換をすると、次の統計量
Z は $N(0,1)$ に従います。

$$Z = \frac{(\overline{X}-\overline{Y})-(\mu_x-\mu_y)}{\sqrt{\sigma_x{}^2/m+\sigma_y{}^2/n}} \tag{1}$$

各分散が既知の場合は、帰無仮説として $\mu_x-\mu_y=0$ を立てます。次に
$\overline{X}$ と $\overline{Y}$、$\sigma_x{}^2$ と $\sigma_y{}^2$ の値を式(1)に代入して Z を計算します。有意水準を例え
ば5％（両側検定）とすれば、$N(0,1)$ での棄却域と Z の値から検定を
します。

例題 4

　機械AとBがあり、それぞれの機械で作った製品の強度（kg重）
の標準偏差は3.6と4.2であることはこれまでのデータから分かって
います。先週製造した製品から30個ずつサンプルを取り出し、そ
の強度を測定した結果、平均は251と248でした。機械AとBで作
られる製品の平均強度は等しいか、有意水準5％で検定しなさい。

解答 帰無仮説として「AとBで作られる製品の強度の平均は等しい、すなわち $\mu_A - \mu_B = 0$」を立てます。次に式(1)に $\overline{X}$ と $\overline{Y}$、σ_x^2 と σ_y^2 の値を代入して、Z を計算します。

$$Z = \frac{251-248}{\sqrt{3.6^2/30 + 4.2^2/30}} = \frac{3}{\sqrt{1.02}} = 2.97$$

この例では両側検定ですから、棄却域は $z < -1.96$ および $1.96 < z$ となります。$1.96 < z = 2.97$ は棄却域に入るので、帰無仮説は棄却され、AとBで作られる製品の強度の平均は等しくないと判定されます。

クイズ 5

機械AとBがあり、それぞれの機械で作った製品の重量(g)の標準偏差は7.6と9.2であることはこれまでのデータから分かっています。先週製造した製品から40個ずつサンプルを取り出し、その重さを計測した結果、平均は991と988でした。Aで作られた製品の平均重量はBでの平均重量より大きいか、有意水準5％で検定しなさい。次の空欄 $\boxed{A}$ から $\boxed{G}$ を埋めなさい。

帰無仮説として「先週AとBで作られた製品の平均重量は等しい、すなわち $\mu_A - \mu_B = 0$」を立てます。次に式(1)に $\overline{X}$ と $\overline{Y}$、σ_x^2 と σ_y^2 の値を代入して、Z を計算します。

$$Z = \frac{991 - \boxed{A}}{\sqrt{\boxed{B}^2/\boxed{C} + 9.2^2/\boxed{D}}} = \frac{3}{\sqrt{3.56}} = 1.59$$

ここでは大小関係を検定しますから片側（$\boxed{E}$ 側）検定となり、有意水準5％で棄却域は $z < \boxed{F}$ の領域となります。$z = 1.59 < \boxed{F}$ より Z は棄却域に入 $\boxed{G}$ ので、仮説は棄却されず、Aで作られる製品の平均重量はBでの平均重量より大きいとはいえません。

実際の実験や調査では対象とする集団の分散が既知であることは稀です。2つの母集団の分散が未知の場合、それらが等しいと認められたとき、母集団の平均の差を検定できます。つまり、2つの正規母集団からそれぞれサイズが m と n の標本を取り出し、標本平均 $\overline{X}$ と $\overline{Y}$ および不偏本分散

$U_x{}^2$と$U_y{}^2$を得たとします。両集団の母分散が後述する検定によって等しいと考えられた場合、次のTは自由度$m+n-2$のt分布に従うことが知られています。

$$T = \frac{(\overline{X} - \overline{Y}) - (\mu_x - \mu_y)}{\sqrt{\left(\dfrac{1}{m} + \dfrac{1}{n}\right)U^2}} \tag{2}$$

ここで、U^2は2つの不偏標本分散から次の式で定義されます。

$$U^2 = \frac{(m-1)U_x{}^2 + (n-1)U_y{}^2}{m+n-2} \tag{3}$$

この統計量Tを使って検定、すなわちt検定を行ないます。この検定を2標本t検定といいます。

なお、2つの母集団の分散が未知の場合でそれらが等しいと認められなかったときは、ウェルチの検定（Welch's test）を使って2つの平均を検定します。

例題 5

工場Aで製造された製品Bから無作為に10個取り出し、その寿命を測ると平均533日、不偏標準偏差4.95日でした。同じく製品Cから無作為に11個取り出し、その寿命を測ると平均551日、不偏標準偏差7.03日でした。両製品の寿命は正規分布に従うとして、寿命の平均に差は認められますか。有意水準5％で検定しなさい。

解答　製品BとCから取り出したサンプルの寿命の分散は（後述するように二つの分散に有意な差は認められなかったので）等しいと考え、帰無仮説「二つの平均は等しい」を立てます。式(2)より確率変数Tを計算すると、

$$T = \frac{(533-551)}{\sqrt{\left(\dfrac{1}{10} + \dfrac{1}{11}\right)U^2}}$$

式(3)よりU^2を計算すると、

$$U^2 = \frac{(10-1)\times 4.95^2 + (11-1)\times 7.03^2}{10+11-2} = \frac{714.7}{19} = 37.6$$

従って、

$$T = \frac{(533-551)}{\sqrt{\left(\frac{1}{10}+\frac{1}{11}\right) \times 37.6}} = \frac{-18}{2.68} = -6.72$$

Tは自由度10+11-2=19のt分布に従い、この例題では差を検定したいので、両側検定となります。従って有意水準5%での棄却域は$t<-2.09$および$2.09<t$です。$t=-6.72<-2.09$よりTは棄却域に入り、帰無仮説は棄却されます。つまり、この二つの製品の寿命に差は認められます。

2.3. 平均に関する検定（対応のある場合）

2つの集団の平均を検定する場合、その集団に対応のある場合があります。例えば、高コレステロール血症の患者達に医薬品Dを投与し、投与前の血中コレステロール濃度とある投与期間後の血中コレステロール濃度を比較して、Dの効果を調べたいとします。この場合のサンプルは患者の投与前と投与後のペアの測定値であり、両者の差が検定の対象となります。数多くの患者のペアのデータを使ってコレステロール濃度の差の平均を検定することになります。

このような対応のあるサンプル（Paired samples）については、各個体の差をとり、その差dの平均は0であるという帰無仮説を立てます。そしてdはt分布を用いて検定します。実際の検定方法は本章で後ほど解説しています。

■ **参考** ■ **分散に関する検定** ·······················

不偏標本分散U^2を使ってχ^2検定を行います。そのために次の定理4を用います。ただし、ここでは標本分散を不偏標本分散に置き換えています。

> **定理4** 「$N(\mu,\sigma^2)$ に従う正規母集団から大きさnの標本を無作為に抽出したとき、次の関数Zは自由度$n-1$のχ^2分布に従う。」
>
> $$Z = \frac{(n-1)U^2}{\sigma^2}$$

ある養鶏場で昨日採れた鶏卵から31個を無作為に選び、1個あたりの重さを測定した結果、平均64.8g、不偏標準偏差6.8gでした。通常この養鶏場での標準偏差は6.3gです。昨日の不偏標準偏差は通常の値からはずれていますか。有意水準5%で検定しなさい。

解答　帰無仮説でH₀「昨日の標準偏差は通常（母標準偏差）の値と等しい」とします。定理4に基づいてZを求めると$Z=$(31-1)×6.8²/6.3²=35.0と計算されます。自由度30、有意水準5%でχ^2分布表から棄却域は43.8以上の領域となります。Z=35.0<43.8ですから、仮説は棄却されません。したがって、昨日の標準偏差は通常の値からはずれているとはいえません。

2つの集団の分散の比に関する検定は2つの正規母集団から取り出した標本について、仮説「2つの集団の分散は等しい」を立て検定します。2つの分散が等しいとき、下に示す定理5が成り立ちます。ここで求めたXの値に対してF検定を行います。

定理5　「分散の等しい2つの正規母集団からそれぞれ大きさmとnの標本X_1, X_2, …, X_mと標本Y_1, Y_2, …, Y_nを無作為抽出し、その不偏標本分散U_m^2とU_n^2をつくるとき、次のXは自由度$(m-1, n-1)$のF分布に従う。」

$$X = \frac{U_m^2}{U_n^2}$$

工場Aで製造された製品Bから無作為に10個取り出し、その寿命を測ると平均533日、不偏標準偏差4.95日でした。製品Cから無作為に11個取り出し、その寿命を測ると平均551日、不偏標準偏差7.03日でした。両製品の寿命は正規分布に従うとして、2つ

の分散は等しいといえますか。有意水準2%で検定しなさい。

解答　この例題は平均の検定で説明した問題です。帰無仮説「製品BとCの寿命の分散は等しい」を立てます。対立仮説は「製品BとCの寿命の分散は等しくない」となり、両側検定をします。上の定理5のXは$X=4.95^2/7.03^2=0.496$と計算されます。有意水準2%であるので、F分布曲線において両端でそれぞれ1%棄却域を求めます。すなわち、下の模式図（塗りつぶした部分がそれぞれ1%の面積に相当）ではXの$+\infty$から累積した確率が1%と99%になる値x_1とx_2を求めます。F分布表から$x_1=F_{9,10}(1\%)=4.94$および$x_2=F_{9,10}(99\%)=0.190$が得られるので、棄却域は$X<0.190$および$4.94<X$となります。ただし、$F_{9,10}(99\%)$はF分布表にないため、$F_{9,10}(99\%)=1/F_{10,9}(1\%)=1/5.26=0.190$という関係を使っています。データから得た$X=0.496$はこの棄却域に入らないので、仮説は棄却されず、母分散は等しくないとはいえない、となります。

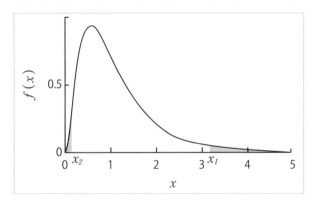

2.4.　比率の検定

　第5章の母比率の推定で説明したように、母比率がpの集団からサンプルを取り出すと考えます。取り出した各個体に対してそれが陽性の場合を

1、陰性の場合を0とする確率変数Xを考えると、Xはベルヌーイ分布に従い、その平均はp、分散は$p(1-p)$です。n個の個体を取り出し、Xの標本平均（ここでは標本比率）$\overline{X}$を次のように求めます。

$$\overline{X} = \frac{X_1 + X_2 + \cdots + X_n}{n} \tag{4}$$

nが十分大きければ、中心極限定理より$\overline{X}$の分布は平均p、分散$p(1-p)$/nの正規分布で近似できます。従って、標本比率$\overline{X}$について次の式のように標準化変換した統計量Zは正規分布$N(0,1)$に従うと考えられます。

$$Z = \frac{\overline{X} - p}{\sqrt{p(1-p)/n}} \tag{5}$$

この式に各数値を代入し、得られたZの値を使って比率の検定を行います。

例題 8

　ある植物を交配すると遺伝の法則によって3:1の比率で黄色と白色の花が咲くと考えられるとき、実際の結果は271個の黄色と79個の白色の花が咲きました。この結果は遺伝の法則に矛盾しますか。5％で検定しなさい。

解答　帰無仮説としてこの結果は遺伝の法則に従うとします。黄色の花が咲く比率をpと置くと、pは3/(1+3)=0.75です。サンプルサイズはn=271+79=350と十分大きく、式(5)のZはN(0,1)に従うと考えられます。標本比率$\overline{X}$は271/350=0.774と計算されます。式(5)に各数値を代入すると、

$$Z = \frac{0.774 - 0.75}{\sqrt{0.75(1-0.75)/350}} = \frac{0.024}{0.0231} = 1.04$$

が得られます。両側検定5％の棄却域は正規分布表から$z<-1.96$および$z>1.96$ですから、z=1.04は棄却域に入りません。従って、この結果は遺伝の法則に矛盾するとはいえないと判断されます。

ある政策に対して世論調査の結果、賛成：反対の比率は55：45でした。その中で地区Mでは280人中賛成が135人でした。この地区Mの賛成の比率は世論調査全体の比率と異なりますか。5％で検定しなさい。空欄Ａから□を埋めなさい。

地区Mの賛成比率は全体の比率と等しいと帰無仮説を立てます。全体の賛成比率をpと置くと、$p=$Ａです。一方、地区Mでの比率$\overline{X}$はＢ/Ｃ$=0.482$と計算されます。Mでの人数は280人と多いので、式(5)のZは$N($Ｄ$,$ Ｅ$)$ に従うと考えられます。式(5)に各数値を代入すると、$z=-2.29$が得られます。両側検定5％の棄却域は正規分布表から$z<-$Ｆ および$z>$Ｇですから、$z=-2.29<-$Ｆ よりZは棄却域に入Ｈ。従って、地区Mの比率は全体の比率と異□と判断されます。

　一方、まれにしか起きないような事象に対しては、対象となる比率も非常に小さく、上述したベルヌーイ分布に代わり、ポアッソン分布を適用して考えます。試行数またはサンプルサイズnが十分大きい場合、同様に正規分布を適用することができ、Z検定を行うことができます。つまり、母比率をpと置き、式(5)に表わす標本平均を考えると、次の統計量Zは標準正規分布$N(0,1)$ に従います。

$$Z = \frac{\overline{X} - p}{\sqrt{p/n}} \tag{6}$$

　この式は式(5)の右辺の分母でpが限りなく0に近いとき、$1-p$は限りなく1に近づくことでも分かります。このZを使って検定を行うことができます。

例題 9

　ある製品Aの不合格率が0.0016とわかっているとき、あるロットのサンプル250個について調べた結果、2個が不合格でした。このロットの結果は製品Aの不合格率と一致しますか。棄却率は両側で5％とします。

解答　帰無仮説としてこのロットの不合格率を0.0016とします。サンプルサイズも250個と大きいので、式(6)で表されるZは$N(0,1)$に従うと考えられます。ここで$z = (2/250 - 0.0016)/\sqrt{0.0016/250} = 2.53$と計算され、標準正規分布で両側検定5％の棄却域は正規分布表から$z<-1.96$および$z>1.96$ですから、$1.96 < z = 2.53$は棄却域に入り、このロットの不合格率は通常の値と異なると判断されます。

クイズ7

製品Bの不合格率が通常0.0022とわかっているとき、あるロットのサンプル270個について調べた結果、2個が不合格でした。この結果は製品Bの不合格率よりも高いといえますか。棄却率は両側で5％とします。空欄 Ａ から Ｆ を埋めなさい。

　このロットの不合格率は2/270＝ Ａ となり、通常の不合格率0.0022より高い値です。帰無仮説として「このロットの不合格率は0.0022に等しい」を考えます。サンプルサイズも270個と大きいので、式(6)で表されるZは$N(Ｂ, Ｃ)$に従うと考えられます。ここで$z = (Ａ - 0.0022)/\sqrt{Ｄ/Ｅ} = 1.83$と計算されます。この問題で標本比率は母比率よりも高く、大小関係を検定するので、片側（右側）検定をします。右側5％の棄却域は正規分布表から$z > Ｆ$ ですから、 Ｆ $< z = 1.83$は棄却域に入り、このサンプルの不合格率は通常の値より高いと判断されます。

3.　統計ソフトウェアを使った統計検定

　これまで分析したい集団の平均、比率、分散について検定の方法を説明してきました。大量のデータからなるサンプルになるほど、実際の検定に非常に大量の計算が必要となることが分かると思います。そこで、膨大な量の計算をするには統計用ソフトウェアが不可欠です。ここでは多くの人が使った経験のあるMicrosoft Excelを用いて検定の手順と要点を説明します。

ここでは実験や調査で検定する必要性の高い、2つの集団の平均の検定について解説します。また、実際の集団の母分散は未知である場合が多いと考えられるので、そのような場合について説明します。

3.1. 対応のない2集団の平均

　対応のない2集団ではそれぞれ無作為にサンプリングした場合、通常、個々のデータに対応はありません。例えば、両集団でNo.36という同じ番号の付いた個体にお互いの関連は通常ありません。このような対応のない2つの集団の平均を検定しましょう。

　実験や調査でサンプルサイズが十分に大きい場合($n > 30$）は母分散が未知であっても、各サンプルから得られた平均は共に正規分布に従うとみなして考えられ、z 検定を行なうことができます。次の例題で考えてみましょう。

例題 10

　2種類のチーズAとBについて各種メーカーの製品をそれぞれ36個と34個無作為に集め、その食塩濃度（重量%）を測りました。その結果、標本平均と不偏標本分散はAで2.04と0.126、Bで1.75と0.113になりました。AとBの食塩濃度の平均に有意差はあるでしょうか。有意水準5％で検定しなさい。

解答　帰無仮説として「チーズAとBの平均食塩濃度は等しい」と立てます。2つの集団とも標本数が多いので、中心極限定理によりAとBの標本平均の分布はそれぞれ正規分布 N (2.04, 0.126/36) と N(1.75, 0.113/34) に従うとみなしてよいと考えられます。したがってこの2つの平均値の差は正規分布の1次結合の定理から正規分布 N(2.04−1.75, 0.126/36 + 0.113/34)、すなわち N(0.29, 0.0826^2) に従います。次にこの正規分布に対して標準化変換をすると、$Z = (0 - 0.29)/0.0826 = -3.51$ と計算されます。有意水準は両側合わせて5％ですから、棄却域は正規分布表から $Z < -1.96$ および $Z > 1.96$ の領域です。$Z = -3.51 < -1.96$ は棄却域に入るため、仮説は棄却されます。したがって、この2つのチーズの平均食塩濃度に差、つまり有意差があると判断できます。

例題10のような手順でz検定を行いますが、Excelでは次の手順で瞬時に統計解析ができます（Ex6-1 z test）。

まず、下の表に示すようにExcelのシート上にデータを入力します。ダウンロードファイルではすでに2つのデータを列方向に入力してあります。非常に大きなデータの場合（及びフリーの統計解析ソフトウェアRを使う場合）も考えると、データは縦に列方向に入力した方が良いです。

データの入力（一部）

A	B
2.7	2.4
2	1.3
1.8	2.2
1.5	1.7
2	1.9
2.3	1.4

Excelの「データ」のタブを選び、さらに「データ分析」を選びます（「データ分析」がない場合は、次の参考を確認してください）。

■　**参考**　■　**Excelでの「分析ツール」のアドイン追加方法** ……

Excelで各種のデータ分析を行うには「分析ツール」という機能を使います。「分析ツール」を使うためには、これをアドインする必要があります。そのためには最初にExcelの「ファイル」タブを選び、その左下にある「オプション」をクリックします。次に図4に示すように①「Excelのオプション」画面から「アドイン」を選びます。②その後、アクティブでないアプリケーション　アドインから「分析ツール」を選び、③「設定」をクリックします。

図4　「分析ツール」のアドイン追加①

図5に示すようなダイアログボックスが出てくるので「分析ツール」の部分にチェックを入れて「OK」をクリックします。なお、第8章でソルバーを使う場合は「ソルバーアドイン」にもチェックを入れます。

図5 「分析ツール」のアドイン追加②

次に下の図のように「z検定」を指定します。

図6 「z検定」の指定

次に、図7のように入力用ダイアログボックスが現れるので、その中に変数1と2の入力範囲（ここではセル番地）、仮説平均との差異（ここでは帰無仮説より0）、変数1と2の分散（ここでは不偏標本分散）および出力先（ここではセル番地）を入力します。a(A)には有意水準（ここでは0.05）を入力します。なお、不偏標本分散はExcel関数＝VAR.S(セル範囲)で求められます。

図7　入力用ダイアログボックス（z 検定）

　入力後、瞬時に検定結果が図8のように出力先に表示されます。各種の解析結果が現れますが、ここで重要な項目はz、P(Z<=z) 両側、z境界値両側です。z＝3.53…は上記の計算値3.51とは若干異なりましたが、原因は計算途中の丸め誤差によると考えられます。この問題では両側検定を行なうので、z境界値両側は1.96です。また、P(Z<=z) はp値（p value）といい、今回のz＝3.53以上の（あるいは以下の）極端な値が確率的に現れる値を示します。今回は両側検定のため、z＝3.53以上となる確率（0.00021）とz＝－3.53以下となる確率（0.00021）を合わせてp値は0.00041となります。この値は非常に小さいため、z＝3.53という値に信頼性が与えられます。

z-検定: 2 標本による平均の検定		
	変数1	変数2
平均	2.04167	1.75
既知の分散	0.126	0.113
観測数	36	34
仮説平均との差異	0	
z	3.53087	
P(Z<=z) 片側	0.00021	
z 境界値 片側	1.64485	
P(Z<=z) 両側	0.00041	
z 境界値 両側	1.95996	

図8　検定結果（z検定）

クイズ8

　ある高校1年のC組とD組（ともに36名）に地理の試験（20点満点）を行ないました。CとDの平均点に有意差はあるか、有意水準5％で検定しなさい。データはファイルEx6-2 z testをダウンロードしなさい。

■　参考　■　p値

　p値とは対象とする変数を0と仮定したとき、得られた値以上（負の場合はそれ以下）に極端な値が現れる確率のことです。観測された有意水準ともよばれ、有用な情報となります。上の例題ではzを帰無仮説で0と仮定したとき、3.53以上となる確率のことです。p値は関数＝1−NORM.S.DIST(3.53,TRUE) を使っても0.00021（ただし片側）と得られます。p値が決めた有意水準（例えば0.05）よりも小さい場合、帰無仮説を棄却するための根拠となります。逆にp値が大きい場合は帰無仮説を棄却しないための根拠となります。ただし、同一の2集団でも取り出すサンプルサイズによってp値は変化するので、過信しないように注意してください。

　対応のないサンプルでサンプルサイズが十分に大きくない場合も実際には多く、その場合はt検定を行ないます。この場合、t検定の前に2つの集団の分散が等しいかどうかを判定する必要があります。

　　ある中学校3年のクラスAとBで全く同じ英語の試験を行ない、各クラスから無作為に9人ずつ選び、その点数を調べました。クラスAの平均点はBの平均点よりも低いといえますか。有意水準5％で検定しなさい。データはファイルEx6-3 t testにあります。

解答　各サンプルサイズは30未満であり、この検定は t 検定を行ないます。最初に、両クラスから得たサンプルの分散は等しいかを F 検定します。両分散は等しいと帰無仮説を立て、ここでは有意水準を片側1％で検定します。
　　　Excelでの手順は次の図のように分析ツールから「F検定：2標本を使った分散の検定」を選びます。

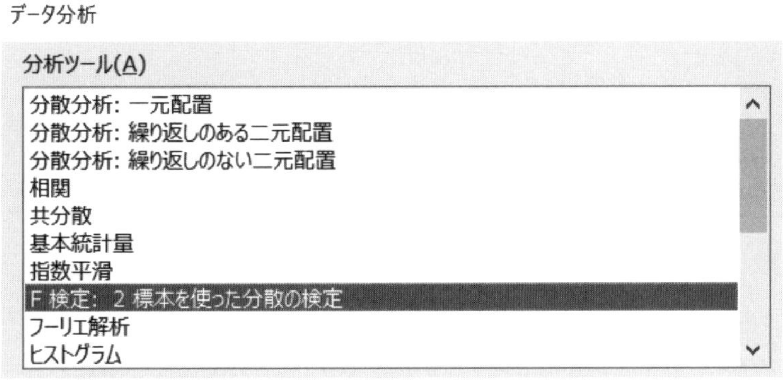

データ分析

分析ツール(A)

分散分析: 一元配置
分散分析: 繰り返しのある二元配置
分散分析: 繰り返しのない二元配置
相関
共分散
基本統計量
指数平滑
F 検定: 2 標本を使った分散の検定
フーリエ解析
ヒストグラム

　　　次に、下の図に示す入力ボックスにデータを入力します。ここでは有意水準を片側0.01とします。

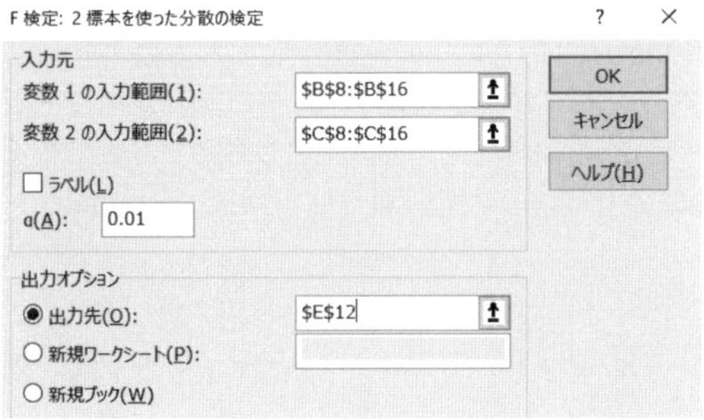

F 検定: 2 標本を使った分散の検定　　　　　?　×

入力元
変数 1 の入力範囲(1):　　$B$8:$B$16
変数 2 の入力範囲(2):　　$C$8:$C$16
□ ラベル(L)
α(A):　0.01

OK
キャンセル
ヘルプ(H)

出力オプション
● 出力先(Q):　$E$12
○ 新規ワークシート(P):
○ 新規ブック(W)

　　　検定の結果、下の図に示すように両分散の比は1.078…と

1に近くてF境界値6.02…よりも小さく、棄却域には入りません。p値も0.458…と高い値を示しています。したがって、2つの分散は等しいと考えてよいと判断できます。

F-検定: 2 標本を使った分散の検定

	変数 1	変数 2
平均	73	80
分散	65	60.25
観測数	9	9
自由度	8	8
観測された分散比	1.07884	
P(F<=f) 片側	0.45858	
F 境界値 片側	6.02887	

次に、2つの標本平均をt検定します。帰無仮説では両者に差はないとします。問題では低いかどうかを検定するので、片側（左側）検定をします。Excelの「データ分析」から下の図のように「t検定：等分散を仮定した2標本による検定」を選びます。

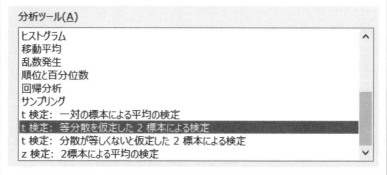

データ分析

分析ツール(A)

- ヒストグラム
- 移動平均
- 乱数発生
- 順位と百分位数
- 回帰分析
- サンプリング
- t 検定: 一対の標本による平均の検定
- t 検定: 等分散を仮定した 2 標本による検定
- t 検定: 分散が等しくないと仮定した 2 標本による検定
- z 検定: 2標本による平均の検定

現れた入力ボックスにデータを入力すると、下の表に示す検定の結果が現れます。tの値-1.87…はt境界値片側の-1.745…よりも小さく、棄却域に入ります。したがって、帰無仮説は棄却され、クラスAの平均点はBの平均点よりも低いと判定されます。p値も0.03948と0.05未満です。

t- 検定：等分散を仮定した 2 標本による検定

	変数1	変数2
平均	73	80
分散	65	60.25
観測数	9	9
プールされた分散	62.625	
仮説平均との差異	0	
自由度	16	
t	−1.87642	
P(T<=t) 片側	0.03948	
t 境界値 片側	2.235358	
P(T<=t) 両側	0.078959	
t 境界値 両側	2.583487	

クイズ9

ある中学校3年のクラスCとDで全く同じ英語の試験を行ない、各クラスから無作為に9人ずつ選び、その点数を調べました。クラスCの平均点はDの平均点と差がないといえますか。有意水準5％で検定しなさい。データはファイルEx6-4 t testをダウンロードしてください。

2つの集団から得たサンプルについて両分散が等しいかF検定した結果、棄却されて等しくないと判定した場合、上述したウェルチの検定を使って平均の検定を行ないます。

例題 12

ある男子高校で3年A組とB組の生徒からそれぞれ10人と12人を任意に選び、その身長を測定しました。A組の生徒の平均身長はB組の平均身長よりも低いか、有意水準5％で検定しなさい。データはファイルEx6-5 t testをダウンロードしてください。

解答　各サンプルサイズは30未満であり、この検定はt検定を行

ないます。最初にA組とB組の生徒の分散に差がないという帰無仮説（有意水準：片側1％）を立てます。上の例題11と同様にExcelのF検定を使うと、次のような検定結果が示されます。両者の分散比は0.214…と1から離れ、F境界値片側の0.193…よりも大きくなっているので、棄却域に入ります。従ってこの2つの分散が等しいとはいえません。

F-検定: 2 標本を使った分散の検定

	変数 1	変数 2
平均	167.9	171.583
分散	29.4333	137.356
観測数	10	12
自由度	9	11
観測された分散比	0.21428	
P(F<=f) 片側	0.01418	
F 境界値 片側	0.19313	

そのため、平均の検定はウェルチの検定、すなわち、Excelでは下の図のように分散が等しくないと仮定した場合のt検定を行ないます。この問題では大小関係を比較するので、片側検定となります。

データ分析

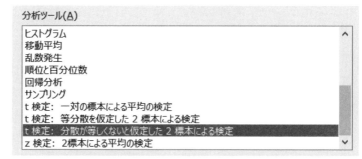

現れた入力ボックスにデータを入力すると、以下のように検定結果が瞬時に示されます。棄却域は有意水準5％の片側検定で、負の値ですから$t<-1.74\cdots$となります。$t=-$

0.971は境界値よりも大きく、棄却域に入りませんので、帰無仮説は棄却されません。したがって、A組の生徒の平均身長はB組の平均身長よりも低いとはいえない（有意差はない）と判定されます。

t-検定：分散が等しくないと仮定した2標本による検定

	変数1	変数2
平均	167.9	171.5833
分散	29.43333	137.3561
観測数	10	12
仮説平均との差異	0	
自由度	16	
t	−0.97099	
P(T<=t) 片側	0.173002	
t 境界値 片側	1.745884	
P(T<=t) 両側	0.346003	
t 境界値 両側	2.119905	

クイズ 10

養鶏場CとDから本日運ばれた鶏卵からそれぞれ10個ずつ無作為に取り出し、その重量(g)を測りました。養鶏場CとDの鶏卵の重量平均に差はあるでしょうか。有意水準5％で検定しなさい。データはファイルEx6-6 t testをダウンロードしてください。

3.2. 対応のある2集団の平均

対応のある2集団の平均について次の例題を考えましょう。

例題 13

高コレステロール血症の患者10名にある薬剤を与えて、その効果を調べました。この薬剤の投与前と後のコレステロール濃度（mg/dl）はExcelファイルEx6-7 t-test pairedのようになりました。この薬剤はコレステロール濃度を下げる効果があると認めら

れますか。有意水準5%で検定しなさい。

解答　患者10名の薬剤投与前と後のコレステロール濃度は対応しているので、帰無仮説として「投薬の前後でコレステロール濃度（mg/dl）の平均に差はない」を立てます。つまり、投薬前の平均濃度から投薬後の平均濃度を引いた値は0となる、とします。また、治療効果を検定するので対立仮説は「投薬によってコレステロール濃度（mg/dl）の平均は低下した」とし、片側検定を行ないます。各患者について投薬前の濃度から投薬後の濃度を引いた値を求めると、1番目の患者から順に9、7、…（mg/dl）と10人分のデータが得られます。それから標本平均$\overline{X}$と不偏標本標準偏差Uを求めると、9.7および6.77となります。これらの数値から次の検定統計量Tは上述した定理3よりt分布に従います。ここで$\mu = 0$です。Tの値を計算すると、4.53となります。

$$T = \frac{\sqrt{n}\,(\overline{X} - \mu)}{U}$$

自由度10-1＝9、有意水準5%（片側）での棄却域はt分布表よりtが1.83以上および-1.83以下の領域ですから、1.83<T=4.53より、この検定統計量Tは棄却域に入ります。したがってこの仮説は棄却され、この薬剤の効果はあったと判定されます。

これをExcelの分析ツールを使って検定すると次のようになります。

まず、下のように「t検定：一対の標本」を選びます。

データ分析

分析ツール(A)	
ヒストグラム	^
移動平均	
乱数発生	
順位と百分位数	
回帰分析	
サンプリング	
t 検定：一対の標本による平均の検定	
t 検定：等分散を仮定した 2 標本による検定	
t 検定：分散が等しくないと仮定した 2 標本による検定	
z 検定：2標本による平均の検定	v

入力ボックスが現れるので、データを入力すると瞬時に次のような検定結果が現れます。tの値は上で求めた値と同じ4.53…であり、境界値片側1.83よりも大きく、棄却域に入ります。p値も0.00071と非常に小さい値です。

t-検定：一対の標本による平均の検定ツール

	変数1	変数2
平均	198.2	188.5
分散	153.511	122.278
観測数	10	10
ピアソン相関	0.83937	
仮説平均との差異	0	
自由度	9	
t	4.53306	
P(T<=t) 片側	0.00071	
t 境界値 片側	1.83311	
P(T<=t) 両側	0.00142	
t 境界値 両側	2.26216	

クイズ 11

高血圧の患者12人に対してある食事療法を施した。食事療法の前と後の心臓収縮期の血圧測定値（mmHg）からこの療法に効果があったかを有意水準5％で検定しなさい。測定データはファイルEx6-8 t-test pairedをダウンロードしてください。

　以上、統計ソフトウェアを使って説明してきた2組のデータの平均を検定する手順をまとめると次の図9のようになります。

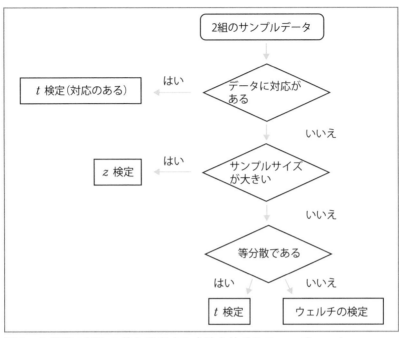

図9　2集団の平均の差を検定する方法を決めるフローチャート

■　参考　■　　標準偏差と標準誤差

　実験や調査をして得られた各条件でのデータは通常、平均を使って表します。（比率も上述したように1と0で結果を表したときの平均です。）標準偏差（Standard deviation, SD）は正確には標本から求めた不偏標準偏差ですが、ここでは単に標準偏差SDとよぶことにします。この値はある条件下で各実測データが平均の周囲でどの程度ばらついているかを示します。これに対して標準誤差Standard error, SEという用語があります。これは標準偏差をサンプルサイズnの平方根でさらに割った値$SD/\sqrt{n}$です。これは平均の推定区間を表します。

　SDとSEのどちらを使うかはその目的によります。図10aはあるサンプル（$n=30$）について測定した結果を示したものです。計算すると平均$\overline{X}$は29.7、平均の周りのバラつきを表す標準偏差SDは1.8が得られます。その結果を基に、真の平均μの存在する範囲をSEを用いて推定できます。すなわち、μの存在する範囲は中心極限定理より正規分布$N(29.7, 1.8^2/30)$

の密度関数曲線で近似できます（**図10b**）。つまり、この正規分布の標準偏差がSEとなっています。従って、標準誤差から真の平均の存在範囲が推定できます。

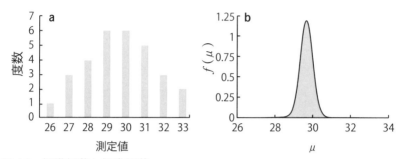

図10　標準偏差と標準誤差
a.　あるサンプルの測定値
b.　平均の推定分布曲線$N(29.7, 1.8^2/30)$．塗りつぶした部分は平均が存在すると推定される部分を示します。

クイズ 12

図10bでμが推定区間$\overline{X}-SE$と$\overline{X}+SE$の間に存在する確率を求めなさい。

4. 適合度と独立性

実験や調査でデータを各種の要因での度数で表すことが多くあります。調べたい要因が3つ以上ある場合はサンプルをその要因によってクラスに分けて検定することができます。

4.1. 期待度数と観測度数

例えば農場Tから本日生産された鶏卵を重量別にクラスS, M, L, LLに分ける場合などのように、対象とする集団をある特徴によって互いに独立なクラスA_1, A_2, $\cdots$, A_nに分けることを考えます。サンプルが各クラスに属する確率が分かっていて、それをp_1, p_2, $\cdots$, p_nとすると、その確率の総和は1です。この母集団からn個のサンプルを抽出したとき、各クラスに属する個数はp_1n, p_2n, $\cdots$, p_nnと期待されます。これを期待度数と呼びます。一方、各クラスで実際に観測した個体数x_1, x_2, $\cdots$, x_nを観測度数といいます。

4.2. 適合度の検定

期待度数と観測度数とを比較することを適合度の検定といいます。つまり、各クラスで（観測度数−期待度数）^{2}/期待度数の値を求め、その総和 X を考えたのが式(7)です。総和 X はサンプルサイズ n が大きいとき、自由度 $n-1$ の χ^2 分布に従います。この X を使って検定をします。ここで各分母は観測度数でなく、期待度数であることに注意してください。

$$X = \frac{(x_1 - p_1 n)^2}{p_1 n} + \frac{(x_2 - p_2 n)^2}{p_2 n} + \cdots + \frac{(x_n - p_n n)^2}{p_n n} \tag{7}$$

ここで、各クラスの期待度数は5以上であると χ^2 分布による近似が良いと考えられています。従って、あるクラスの期待度数が4以下である場合は隣のクラスと合わせて5以上にします。

各クラスの適合度を検定するためには、まず帰無仮説として、「試料がクラス A_1, A_2, …, A_n に属する確率はそれぞれ p_1, p_2, …, p_n である」を立てます。次の例題で考えてみましょう。

例題 14

あるサイコロを120回振って出た目の回数は、次のような結果になりました。このサイコロは公平なサイコロといえますか。有意水準5％で検定しなさい。

目の数	1	2	3	4	5	6
観測度数	18	19	23	24	19	17

解答　公平なサイコロではそれぞれの目が出る確率は等しいと考えられるので、帰無仮説として「それぞれの目が出る確率は1/6である」を立てます。従って、それぞれの目の期待度数は120×（1/6）=20です。

次に、式(7)に従い、（観測度数-期待度数）^{2}/期待度数を求めると、例えば1の目では（18-20）^{2}/20=0.2です。これをそれぞれの目について計算し、その和 X を求めると、$X=2$ となります。一方、自由度6-1=5の χ^2 乗分布で5％の棄却域は χ^2 分布表から $X>11.1$ となります。$X=2<11.1$ よりこの値は棄却域に入らないので、このサイコロは公平なサイコロではないとはいえないと判断されます。

Excel▶ 関数＝CHISQ.INV.RT（0.05,5）で有意水準5％、自由度5での境界値11.1を得られます。関数＝CHISQ.DIST.RT（2,5）でp値0.849が得られます。

クイズ 13

植物Sの花の色はある遺伝的形質は4つのクラスA, B, C, Dに分かれ、その発現の比率は遺伝の法則に従い3：2：2：1となることが理論的にわかっています。実際の観察ではそれぞれ113個、86個、82個、39個でした。この4つのクラスに対する期待度数はそれぞれいくつですか。また、この観察結果は遺伝の法則に従っているといえますか。有意水準5％で検定しなさい。

4.3. 分割表

適合度の検定では母集団の1つの特徴についてクラス分けをしましたが、さらに複数の特徴について検定する場合を考えます。例えば、ある母集団のもつ2つの特徴AとBについてそれぞれm個とn個のクラスに分けられているとします。この母集団からN個の標本を抽出してAおよびBの各クラス別に振り分けた表を分割表とよびます。表1にAを4クラスにBを4クラスに分けた例を示します。x_{ij}はAがクラスi、Bがクラスjである観測度数です。ここでiとjは正の整数です。

分割表を用いて特徴AとBが独立であるかを検定することを独立性の検定とよびます。Aの中でA_iの持つ確率をp_iとします。ここでiは正の整数です。つまり、$p_i = a_i / N$となります。なお、a_iは表1に示すように全体の中でA_iに属する個体数です。例えば$p_2 = a_2 / N$となります。同様に性質Bの中でB_jの持つ確率をそれぞれq_jとします。つまり、$q_i = b_i / N$です。表1では例えば$q_3 = b_3 / N$となります。

表1　分割表の例（$m=4$ と $n=4$）

	B_1	B_2	B_3	B_4	計
A_1	X_{11}	X_{12}	X_{13}	X_{14}	a_1
A_2	X_{21}	X_{22}	X_{23}	X_{24}	a_2
A_3	X_{31}	X_{32}	X_{33}	X_{34}	a_3
A_4	X_{41}	X_{42}	X_{43}	X_{44}	a_4
計	b_1	b_2	b_3	b_4	N

AとBが独立であるとき、分割表から作った次のXは自由度$(m-1)$ $\times(n-1)$のχ^2分布に従うことが知られています。

$$X = \frac{(x_{11}-p_1 q_1 N)^2}{p_1 q_1 N} + \frac{(x_{21}-p_2 q_1 N)^2}{p_2 q_1 N} + \cdots + \frac{(x_{mn}-p_m q_n N)^2}{p_m q_n N} \quad (8)$$

　独立性の検定については帰無仮説「特性AとBは独立である」を立て、χ^2検定を行ないます。次の例題で考えてみましょう。

例題 15

> 　あるパーティ会場で食中毒事件が起こりました。メニューの中の食品Aについて出席者全員76人から喫食と発症の有無を聞き取り調査した結果、次の表のようになりました。例えば、食品Aを食べた39人のうち、発症した客は26人、発症しなかった客は13人でした。このとき、食品Aはこの食中毒事件と関連するか、有意水準5%で検定しなさい。
>
> | | 発症 | 非発症 | 小計 |
> |---|---|---|---|
> | 喫食 | 26 | 13 | 39 |
> | 非喫食 | 15 | 22 | 37 |
> | 小計 | 41 | 35 | 76 |
>
> **解答**　帰無仮説「食品Aはこの事件と関係がなかった（独立である）」を立てます。この仮説ではAの喫食者であろうと非喫食者であろうと、発症者は同じ確率で現れると考えられます。食品Aに関して発症者の比率は41/76≈0.539、非発症者の比率は35/76≈0.461です。したがって食品Aがこの事件と関係がなかったとすると、喫食者全体(39人)のうち、発症者は39×0.539=21.0人、非発症者は39×0.461=18.0人と推定されます。これが期待度数となります。一方、非喫食者の0.539も発症者と考えられ、その人数は37×0.539=20.0人です。非喫食者の残りの人数は非発症者ですから、その人数は37−20.0=17.0人です。このようにして次の期待度数の表ができます。二つの表の小計はすべて等しいことに注意してください。なお、ここでは発症/非発症の比率から期待度数を求めましたが、喫食/非喫食

の比率から計算しても同じ結果となります。

	発症	非発症	小計
喫食	21.0	18.0	39
非喫食	20.0	17.0	37
小計	41	35	76

次に各該当する項目について式(8)に基づいて統計量Xを求めます。例えば、喫食して発症した客については $(26-21.0)^2/21.0=1.19$ となります。これを全4項目について計算するとその和Xは5.3となります。一方、この分割表で自由度は $(2-1)×(2-1)=1×1=1$ ですから、χ^2分布表で5％棄却域はX＞3.84です。3.84＜X=5.3は棄却域に入り、帰無仮説は棄却されます。従って食品Aはこの食中毒事件と関連すると推測されます。

クイズ14

例題15と同じ食中毒事件で食品Bについては次のような調査結果となりました。この食品はこの食中毒事件と関連するか、有意水準5％で検定しなさい。

	発症	非発症	小計
喫食	29	18	47
非喫食	21	8	29
小計	50	26	76

この分割表を用いた手法は、実際に食中毒事件が発生した場合、保健所で原因食品の推定するために使われています。ただし、原因食品の判定には、実際の食品から病原微生物あるいは有害物質が検出されることも重要です。

例題15のように複数の要因が原因として推定される場合、その判別の指標にリスク比とオッズ比があります。リスク比は例えば食品Eに関して喫食者の発症率（リスク）と対照者である非喫食者の発症率についての比率を表わします。分割表から喫食者の発症率は$26/39 \approx 0.667$、非喫食者の発症率は$15/37 \approx 0.405$ですから、リスク比は両者の比で$0.667/0.405 = 1.65$となります。喫食者の発症率は非喫食者の発症率の1.65倍高いことになります。

一方、オッズOddsとはある事象が起きる確率をpとしたとき、比率$p/(1-p)$を指します。$p = 0.6$の場合、オッズは$0.6/(1-0.6) = 0.6/0.4 = 1.5$です。上の例では$p$は発症率と考えられます。食品Aの影響を評価するため喫食者群と対照群（非喫食者群）でオッズを求めると、それぞれ$26/13 = 2$と$15/22 = 0.682$になります。両オッズの比をオッズ比といいます。この例でオッズ比は$2/0.682 = 2.93$となります。この値を他の要因（ここでは他の食品）の値と比べ、特に高い値を示した食品が原因食品である可能性が高くなります。

クイズ 15

クイズ14の食品Bでの喫食者と非喫食者の発症率（リスク）について各リスク比とオッズ比を求めなさい。

回帰分析

　これまで統計学の応用として統計量の推定、検定について説明しましたが、推定や検定以外にもデータを解析する様々な手法があります。この章ではよく使われる解析法として回帰分析を取り上げます。ここでは計量（定量）データを扱う直線回帰分析と計数データを扱うロジスティック回帰分析について説明します。

1. 回帰分析

　対応のある2つの変数の間の関係についてはこれまで散布図と相関を第1章で説明しました。一方、あるクラスの生徒での身長と体重のような対象とする2変数について、身長から体重を推定するように、ある変数の値から別の変数の値を推定する方法を回帰分析（Regression analysis）といいます。推定に用いる変数を独立（または説明）変数、推定される変数を従属（または目的）変数とよびます。独立変数は名前の通り、他の変数や数値の影響を受けない変数で、測定や調査の場合、その条件となります。一方、従属変数は独立変数の影響を受ける変数で、測定や調査の結果になります。また、第1章で説明した相関関係では2つの変数の関係は対等で、独立変数と従属変数の関係はありませんから、回帰分析との違いを注意してください。

2. 単回帰分析

　回帰分析で特に両者に直線関係が認められるときは直線（または線形）の回帰分析とよばれます。例えば、小学校のあるクラスで生徒7人の身長 y (cm) とその父親の身長 x (cm) とを調べた結果、次の表に示す結果となりました。

表1	あるクラスでの生徒の身長yとその父親の身長x						
x	165	172	175	167	182	169	178
y	131	135	140	129	151	138	139

この父親の身長xと生徒の身長yを、xを小さい順に並べ替えてグラフに表すと図1になります。ばらつきはみられますが、父親の身長が高いほど生徒の身長も高くなる傾向がみられ、両者の間には直線で示すような関係があるようにみえます。この関係を表わす直線を回帰直線（Regression line）とよびます。この直線関係からxの値を使ってyの値をおおよそ推測できそうです。従ってこの場合、xは独立変数と考えられます。ここでの注意点は、どのような回帰分析でもいえますが、独立変数のデータ範囲を超えた値での推測は精度が保証できないことです。例えば表1で165cmよりも小さな$x=160$cmでのyの推定値に対しては精度が保証できないことになります。

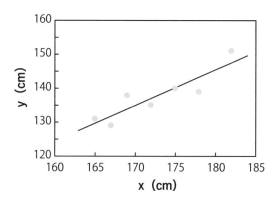

図1　父親の身長xに対する生徒の身長y
直線は両者の大小関係を示す回帰直線を表わします。

この例のようにある従属変数（生徒の身長）を1つの独立変数（父親の身長）で表す回帰分析を単回帰分析（Single regression analysis）といい、2つまたはそれ以上の独立変数（例えば父親の身長と母親の身長）で表す回帰分析を重回帰分析（Multiple regression analysis）といいます。

次に、どのようにして直線回帰分析を行なうかを説明します。データと

して2つの変数xとyの組がn個あり、yがxによる次の式(1)で近似的に表されるとします。aとbはそれぞれ直線の傾きとy切片です。

$$y = ax + b \tag{1}$$

このとき、$x = x_i$での測定値y_iとこの回帰直線上の推測値$ax_i + b$の間には当然、誤差がみられます。この誤差をe_iとすると、e_iは次の式で表されます。

$$e_i = y_i - (ax_i + b) \tag{2}$$

生徒の身長yとその父親の身長xとの例で誤差は図2のように表わされます。ここでは身長の最も低い父親から1, 2, 3, 4と番号をつけ、それに対応した誤差e_iを示しています。なお、誤差は測定点から回帰直線に下した垂線の長さではないので、注意して下さい。

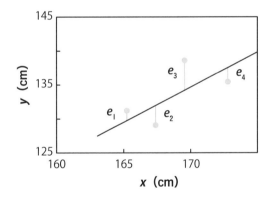

図2　実測値と回帰直線による推測値の誤差
直線は図1で示した回帰直線、丸は実測値を表しています。

この誤差は図2のe_1とe_3のように正の値の場合もあり、e_2とe_4のように負の値の場合もあります。一方、誤差の2乗は常に0以上の正の値ですから、その和Qを式(3)のように定義します。

$$Q = \sum_{i=1}^{n} e_i^2 = e_1^2 + e_2^2 + \cdots + e_n^2 \tag{3}$$

このQ（≥ 0）を最小にするような係数aとbの値を求め、これらの値から回帰直線の式(1)を決めることができます。この方法を最小二乗法とい

います。

　ここで別の6組の親子の父親と子供の身長をプロットすると、図3のような結果が得られました。この例では図1と比べて父親の身長と子供の身長の間には相関関係が弱く、明らかな直線関係はみられません。図3に示すように回帰直線を引いても父親の身長から子供の身長を推測することは無理があると考えられます。（しかも回帰直線の傾きが小さいため、父親の身長に差があっても子供の身長にはほとんど差がありません。）したがって、回帰直線がどの程度従属（または目的）変数を表わす能力があるかを知っておく必要があります。その指標となるのが次の決定係数R^2です。

$$R^2 = \frac{\sum_{i=1}^{n}(Y_i - \overline{y})^2}{\sum_{i=1}^{n}(y_i - \overline{y})^2} \tag{4}$$

　ここでY_iはyのi番目の予測値($=ax_i+b$)、$\overline{y}$はyの平均値、y_iはi番目の実測値です。決定係数は相関係数の2乗に等しく、0以上1以下の値をとります。1に近いほど目的変数を表わす能力があると考えられます。図1と3の決定係数はそれぞれ0.803と0.194で、図1の回帰直線の方が目的変数を表す能力が高いといえます。

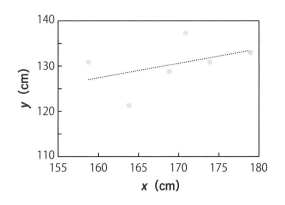

図3　6組の父親とその子供の身長
丸は測定値、点線は回帰直線を示します。

　表1に示したデータについてExcelを使って回帰直線を求めてみましょう（ファイルEx7-1 Regression）。最も手軽なグラフ作成機能を使った解法例を示すと次のようになります。父親と子供のデータ2列をカーソルで

指定後、「挿入」―「グラフ」―「散布図」の順に進み、グラフを作ります。

次に作成したグラフをクリックした後、図4のように「グラフ要素を追加」―「近似曲線」―「その他の近似曲線のオプション」と進みます。

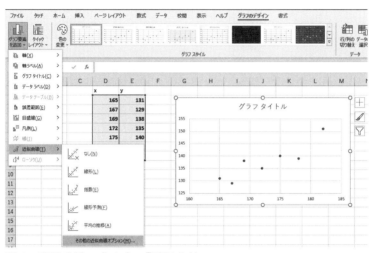

図4　回帰直線の求め方：「近似曲線」

次に、下の図5のように「近似曲線の書式設定」で「線形近似」を選択し、数式とR－2乗値（決定係数）にチェックを入れ、表示させます。

図5　回帰直線の求め方：「近似曲線の書式設定」

その結果、図1に示す回帰直線とその式および決定係数R^2が表示されます。表1のデータからは図6に示す結果が得られます。図6の回帰式から、例えば父親の身長xが170㎝の生徒の身長yは、$y=1.0532\times170-44.175=134.9$㎝と推定できます。

y＝1.0532x-44.175
R²＝0.8031
160
150
140
130
120
y（cm）
160
165
170
175
180
185
x（cm）

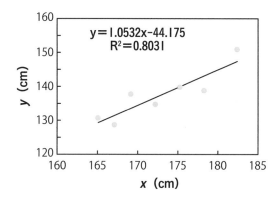

図6　直線回帰の結果

Excelでは上記のグラフ機能から回帰分析を行なえて実用的には十分ですが、「回帰分析」を使うとより詳細な情報が得られます。そのための手順を説明します。まず、下の図のように「データ」－「データ分析」－「回帰分析」と進みます。

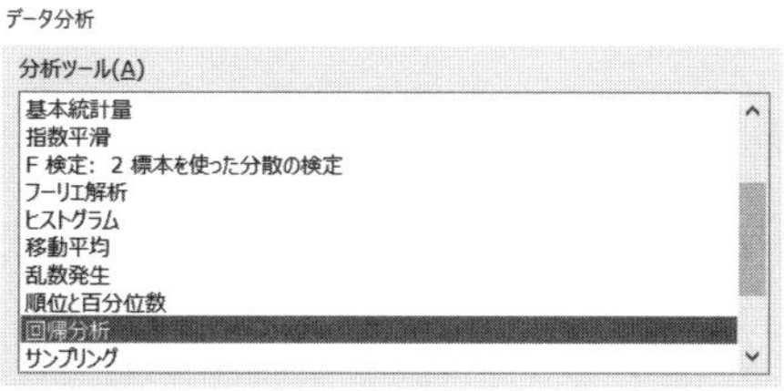

データ分析
分析ツール(A)
基本統計量
指数平滑
F 検定: 2 標本を使った分散の検定
フーリエ解析
ヒストグラム
移動平均
乱数発生
順位と百分位数
回帰分析
サンプリング

図7　「回帰分析」の指定

ダイアログボックスが現れるので、図8に示すように入力Y範囲及び入力X範囲をセル番地で指定します。結果の出力先もセル番地で指定します。

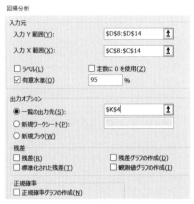

回帰分析

入力元
入力 Y 範囲(Y): | $D$8:$D$14 |
入力 X 範囲(X): | $C$8:$C$14 |
□ ラベル(L)   □ 定数に 0 を使用(Z)
☑ 有意水準(O) | 95 | %

出力オプション
◉ 一覧の出力先(S): | $K$4 |
○ 新規ワークシート(P): | |
○ 新規ブック(W)
残差
□ 残差(R)   □ 残差グラフの作成(D)
□ 標準化された残差(T) □ 観測値グラフの作成(I)

正規確率
□ 正規確率グラフの作成(N)

図8　ダイアログボックスへの入力

　分析の結果、図9に示す「概要」と「分散分析表」が現れます。「概要」
では「重決定R2」すなわち、決定係数（この例では0.803147）が表示さ
れます。「補正R2」はここでは使いませんが、係数の数が多いときに使わ
れます。

　次の「分散分析表」では係数の推定値が示されます。つまり、「切片」
は式1ではY切片bに相当し、この例では−44.1747です。「X値1」は式(1)
では傾きaに相当し、この例では1.053165です。係数の各推定値にp値が
示されています。p値は係数がその値よりもさらに極端な値が現れる確率
です。p値が一般に0.05より小さいと、得られた推定値に信頼性が認めら
れます。この例ではbのp値が0.322564と大きな値となっていますが、図
6に示す回帰分析結果は比較的高い決定係数（0.803147）が得られたので、
問題はなかったと考えられます。bのようにp値が大きな係数はこの表に
見られるように推定値の下限95％と上限95％の範囲も広くなります。

概要

回帰統計	
重相関 R	0.896184
重決定 R2	0.803147
補正 R2	0.763776
標準誤差	3.503199
観測数	7

分散分析表

	自由度	変動	分散	観測された分散比	有意 F
回帰	1	250.3523	250.3523	20.39961	0.006303
残差	5	61.36203	12.27241		
合計	6	311.7143			

	係数	標準誤差	t	P-値	下限 95%	上限 95%
切片	−44.1747	40.26143	−1.0972	0.322564	−147.67	59.32062
X 値 1	1.053165	0.233177	4.516593	0.006303	0.453765	1.652565

図9　Excelの「回帰分析」による分析結果（Ex7-1 Regression）

クイズ1

　　あるクラスの6人の生徒の身長yとその母親の身長xを測定した結果、次の表のようになりました。エクセル等を使って両者をグラフに表し、次に従属変数yの独立変数xに対する直線回帰式および決定係数を求めなさい。なお、データはファイルEx7-2 dataをダウンロードしてください。

x	162	153	171	148	154	164
y	130	122	135	121	128	129

　　線形以外に指数、対数、多項式などによる回帰分析または近似もできます。例えば、次の表はA市での9月1日から6日までのウィルスB感染者（1

日当たりの検査陽性者数）の推移を表したものです。xは日、yは感染者数を示します。

表2　A市でのウイルスB感染者の推移

x	y
1	1
2	2
3	4
4	7
5	13
6	25

　このデータを線形回帰分析すると、図10aに示す直線が得られます。決定係数は$R^2 = 0.8411$となり、比較的高い値が得られますが、9月1日の推定値が負の値となり、6日の値も検査陽性者数と離れています（Ex7-3 Regression）。一方、指数関数を使って回帰分析すると、図10bに示す曲線が得られます。決定係数が$R^2 = 0.9989$と直線回帰と比べて非常に高く、測定値とのフィッティングが非常に良いことが分かります。このウィルス感染者は指数関数的に増加したことが推測されます。
　一方、独立変数xの2次式、つまり$ax^2 + bx + c$の形で回帰分析することもできます。どのような関数やモデルを使うかは理論から導き出す場合もありますし、実際の測定値とのフィッティングから選択する場合もあります。

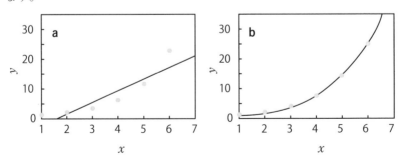

図10　線形（a）および指数（b）による回帰分析

3．重回帰分析

重回帰分析は一つの従属変数を複数の独立変数で表すときに用います。例えば前述したように生徒の身長yを母親の身長xと父親の身長zの2つの要因で表わしたいとき、回帰式として次の式(5)が考えられます。

$$y = lx + mz + n \tag{5}$$

ここでl、m、nはそれぞれ係数です。各係数の値は直線回帰分析と同様に最小二乗法で求められます。

あるクラスの父母と生徒6組の身長（cm）を測った結果、次の 表3 になりました（Ex7-4 Regression）。父母の身長から子供の身長を重回帰分析で推定しましょう。つまり、式(5)において実測値と推測値の偏差の2乗和が最小となるように係数l、m、nの値を求めます。係数の値が得られれば、父母の身長を入力すると、生徒の身長が推定できます。

表3 のデータをExcelの「データ分析」機能を使って重回帰分析します。そのために「データ分析」から「回帰分析」に進み、現れたダイアログボックスに次の 図11 のようにデータを入力します。ここで、入力X範囲は父親と母親のデータ2列分を指定します。

表3　あるクラスの父母と生徒6組の身長(cm)

母親の身長	父親の身長	子供の身長
147	163	117
151	167	119
154	172	123
160	169	130
164	173	132
163	181	135

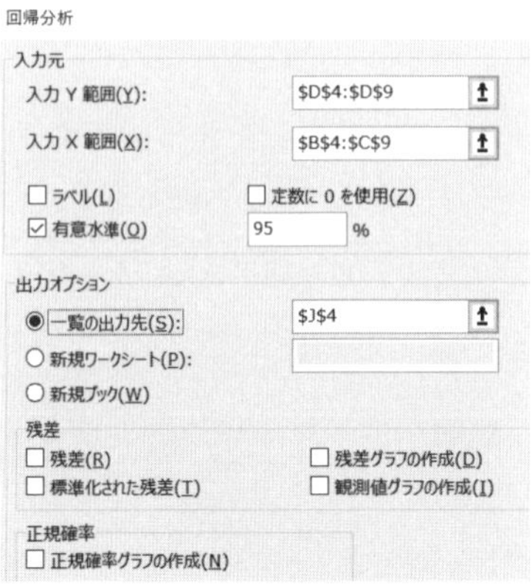

図11　Excel重回帰分析のダイアログボックス

　その結果、各種の分析結果が表として示されます。「概要」の表には相関係数Rと決定係数R^2の値が生徒の身長の例では0.985および0.971と表されます。「分散分析表」には下の 表4 に示すように、切片（式(5)の係数n）、X値1（式(5)の係数l）、X値2（式(5)の係数m）の値が表されます。各係数について、p値、さらに95%信頼区間も示されます。

　得られた係数の値および父親と母親の身長データを式(5)に代入すると、生徒の身長が推定できます。その推定値を測定値と比べると、図12のように両者は非常によく一致し、すべての点が等量線近くに位置しています。これらの点の相関係数は上述した値0.985になっています。

表4　Excel重回帰分析結果（「分散分析表」の一部）

	係数	標準誤差	t	P-値	下限95%	上限95%
切片	−50.4555	20.292394	−2.4864	0.0887642	−115.0349	14.123988
X 値 1	0.901574	0.1746554	5.16202	0.0141008	0.3457425	1.4574053
X 値 2	0.20698	0.195873	1.05671	0.3682123	−0.416375	0.8303355

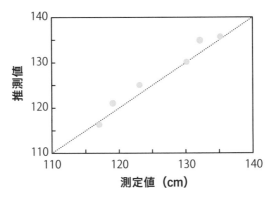

図12　生徒の身長の測定値と回帰分析による推定値
図中の点線は等量線（測定値と推測値が一致する線）を示します。

■　参考　■　　ソルバーを使った重回帰分析 ·······················

　Excelには設定した条件で最適な数値を求めるソルバーという機能があ
ります。そのソルバーを使って重回帰分析による推定値を求められます
（Ex7-4 Regression）。すなわち図13に示すようにParameter l、m、n
の数値を入れるセルを作り、Estimateでは式(5)を組み込み、生徒の身長を
推定します。その推定値と測定値との差の2乗をResidualとします。次に、
Residualの総和SUMが最小となるようにソルバーを使って各係数の最適
値を求めます。その結果、図13に示す係数値が得られます。これらの値は
表4の値とわずかに異なりますが、計算法の違いによると考えられます。
推定した各生徒の身長は両者ともに一致します。

▲	A	B	C	D	E	F	G	H
1	Regression		y=lx+mz+n		Parameters		l	m	n
2							0.9003	0.208	-50.49
3		x	z	y					
4		Mother	Father	Child	Estimate	Residual		
5		147	163	117	115.815	1.4046		SUM
6		151	167	119	120.25	1.5613		7.975
7		154	172	123	123.992	0.9846		
8		160	169	130	128.769	1.5153		
9		164	173	132	133.204	1.4489		
10		163	181	135	133.97	1.0603		

図13　あるクラスの父母と子供の身長の重回帰分析

ある中学校3年生に5科目の試験を行ない、7人の生徒の科目Aと科目Bの点数及び5科目の合計点Sを得ました。科目Aと科目Bの点数から合計点Sを推定する式を回帰分析で求めなさい。データはEx7-5 dataをダウンロードしてください。

4. ロジスティック回帰分析

　調査で「はい」か「いいえ」の二つの選択肢のいずれかを答える場合、得られた結果は全件数の中で例えば「はい」の件数を数えればよいので、第5章で説明した計数データが得られます。実験や検査では定性試験と定量試験がありますが、定性試験の結果は陽性か陰性かの計数データです。定量試験においてもその測定値が基準値以上か以下かで陽性か陰性かの二値に分ける場合があり、この場合の結果は計数データになります。ロジスティック回帰分析（Logistic regression analysis）は各種条件下での定性データ、すなわち計数データを分析するときに使われる手法です。この手法を使うと、新たな条件で陽性（または陰性）となる比率、つまり確率を推測できます。

　ロジスティック回帰分析を例を使って説明しましょう。例えば、栄養分を十分含んだ液体中で微生物Sが液体の水素イオン濃度（pH）を変えた場合、増殖できる（陽性）か否か（陰性）を実験しました。その結果、液体のpHが5－7付近では微生物Sにとって良好な条件であり、10回実験を行なって10回増殖しました。pHが低い4付近の領域では、10回実験すると数回は増殖しなくなりました。さらに、pHが2－3のかなり低い領域では、10回実験しても全く増殖しませんでした。このように各種のpHに対して微生物Sが増殖する確率は変化しました。この確率をロジスティック回帰を用いて分析します。

　ある条件下で陽性となる確率をpとすると（$0 \leq p \leq 1$）、陰性となる確率は$1-p$です。この両者の比率$p/(1-p)$をオッズといいます。式(5)に表すようにこのオッズの自然対数lnを取った変数zをロジット（logit）関数とよびます。

$$z = logit(p) = \ln\left(\frac{p}{1-p}\right) \tag{5}$$

この式を確率pについて解いた式をロジスティック関数といい、次の式(6)で表されます。

$$p = \frac{1}{1+e^{-z}} \tag{6}$$

　一方、式(5)の変数zは対象とする要因に対して線形の形で表せます。上の例での要因はpHですから、次の線形の式(7)でzを表すことができます。ここでa_1とa_2は係数です。

$$z = a_1(pH) + a_2 \tag{7}$$

　ここで、1個の試料が陽性となる確率をpとすると、陰性となる確率は$1-p$となります。従って同じ条件の試料n個の中でx個が陽性となる事象は二項分布に従うと考えられ、その確率をPとすると、Pは次の式で表されます。上の微生物の例では$n=10$です。

$$P = {}_nC_x\,p^x(1-p)^{n-x} \tag{8}$$

　各種条件における試料の確率Pの積が最大となるように、つまり最尤法を用いて係数a_1とa_2の値を求めます。係数の値が決まると、各種条件（上の例では各種のpH）での確率を式(6)および(7)を使って推定できます。

　上の例では各種pHで10回ずつの増殖実験を行い、増殖した場合を1、非増殖の場合を0として表します。これらのデータに対してロジスティック回帰分析を行うと、図14に示すようにpHに対する微生物Sの増殖確率が曲線として表されます。このデータに関して測定した確率と推定した確率とがよく一致していることが分かります。この曲線からあるpHでの増殖確率及びある増殖確率のときのpHが推定できます。例えばpH 3.8での増殖確率は0.45と推定できます。逆に、例えば増殖確率が0.5となるpHも推定できます。このようにしてpHと微生物Sの増殖に関する情報が得られます。

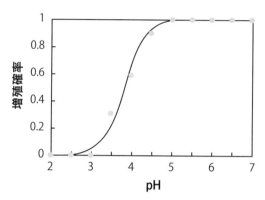

図14　ロジスティック回帰分析による微生物 S の増殖確率
丸は測定値、曲線はロジスティック回帰分析による推定を示します。

ExcelとEx7-6 Regressionのファイルを使って、微生物Sの増殖実験データをロジスティック回帰分析する手順を説明します。図15に示すように、A列ではデータごとに1を、B列にはpHを、C列にはデータ、すなわち1または0を入力します。D列ではpHの値と係数（a_1とa_2）を使ってzの値を計算します。E列ではD列の値を使って確率pを計算します。F列では陽性となる確率（尤度）を二項分布の式(8)を用いてBINOM.DIST 関数で計算します。最尤法で各尤度の積が最大になるような係数を求めるため、各尤度の自然対数をとり（G列）、その総和Sumを最小になるようにします。最後に、ソルバーを使って総和を最小にする係数（a_1とa_2）を求めます。得られた係数の最適値とpHの値から、そのpHで増殖する確率が計算されます。

	A	B	C	D	E	F	G	H
3								
4							Sum	16.9824
5			a_1	a_2				
6			3.8723	-14.91				
7							SQ:Sum	
8								5.52821
9	N	p H	Positive	z	P	likelihood	ln	meas P
10	1	7	1	12.2	1	0.999995	5E-06	2.5E-11
11	1	7	1	12.2	1	0.999995	5E-06	2.5E-11
12	1	7	1	12.2	1	0.999995	5E-06	2.5E-11
13	1	7	1	12.2	1	0.999995	5E-06	2.5E-11
14	1	7	1	12.2	1	0.999995	5E-06	2.5E-11
15	1	7	1	12.2	1	0.999995	5E-06	2.5E-11
16	1	7	1	12.2	1	0.999995	5E-06	2.5E-11
17	1	7	1	12.2	1	0.999995	5E-06	2.5E-11
18	1	7	1	12.2	1	0.999995	5E-06	2.5E-11
19	1	7	1	12.2	1	0.999995	5E-06	2.5E-11
20	1	6.5	1	10.26	1	0.999965	3E-05	1.2E-09
21	1	6.5	1	10.26	1	0.999965	3E-05	1.2E-09

図15 **ロジスティック回帰分析による分析**

第7章

回帰分析

ベイズ統計学

ベイズ統計学（Bayesian Statistics）は近年、様々なデータの統計学的分析に使われています。本書でこれまで説明してきた頻度論による統計学とは大きく考え方が異なる点があります。ベイズ統計学は頻度論統計学とは発想が逆なので、その点に十分注意しながら学習する必要があります。この章ではベイズ統計学の基礎的考え方を説明します。

1. ベイズ統計学とは何か

ベイズ統計学はトーマス・ベイズによって1763年に発表されたベイズの定理が基本となって生まれた統計学です。この統計学は本書でこれまで説明してきた頻度に基づいた統計学とは大きく考え方が異なる点があります。頻度論統計学では、あるサイコロを振って5の目の出る確率は非常の多くの試行を繰り返すことによって求められます。しかし、例えばB君がC大学に受かる確率は何百回も受験できないので、頻度論では決められません。このような事象の起こる確率について考えるのがベイズ統計学です。

また、同一ロットの製品からサンプルをいくつか取り出してその重量を測定したとき、頻度論統計学ではそのロットの平均は決まった値、すなわち定数と考えます。実際のサンプルの各測定値にはばらつきがあるので、平均との誤差は当然あります。そのため、この製品の重量を x と置くと x は確率変数と考えられ、平均 μ（定数）の周りにある分布を示します。頻度論統計学では、この誤差はサンプルサイズが十分大きければ正規分布を示すと考えます。本来、正規分布は平均との誤差を示すものでした。これを模式的に表わしたグラフが図1aです。図に示した分布は平均を μ とする正規分布です。横軸は重量であることに注意してください。

一方、ベイズ統計学では、例えば平均のようなパラメーターは定数ではなく、確率変数と捉え、ある分布を持つと考えます。測定データからその確率分布が決まります。先ほどの例ではロットの重量平均 μ を確率変数と

考え、μは確率分布$f(\mu)$をもっていると考えます。それを模式的に示したグラフが**図1b**です。横軸はμであることに注意してください。パラメーターの分布の中でその確率が最も高い値、すなわち最頻値（**図1b**では4）がこのμを代表する値となると考えてよいでしょう。

a　頻度論統計学

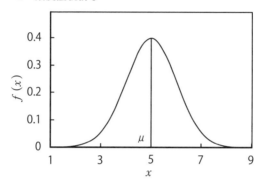

b　ベイズ統計学

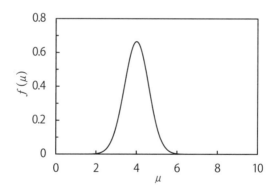

図1　頻度論統計学とベイズ統計学の平均についての考え方

2.　ベイズの定理

　第2章で説明したように、事象Aの起こる条件下で事象Bの起こる確率を条件付き確率とよび、$P(B \mid A)$と表わします。同様に事象Bの起

第8章
ベイズ統計学

こる条件下で事象Aの起こる確率をP(A | B)と表わします。このとき、事象Aかつ事象Bが起こる確率P(A∩B)はこれら二つの条件付き確率を使った表し方が次の式のようにあります。

$$P(A \cap B) = P(B)P(A \mid B) = P(A)P(B \mid A)$$

この式を例えばP(A | B)について解くと次の式(1)が導き出され、これをベイズの定理（Bayes' theorem）といいます。

$$P(A \mid B) = \frac{P(B \mid A)P(A)}{P(B)} \tag{1}$$

ベイズ統計学は結果からその原因を推定する統計学ともいえます。そこで、この式でAを原因H、Bを結果Rと置き換えると、次の式、すなわちベイズの基本公式が得られます。

$$P(H \mid R) = \frac{P(R \mid H)P(H)}{P(R)} \tag{2}$$

この公式を用いると、結果Rが起きたときの原因Hに起因する確率P(H | R)を求められます。この確率を事後確率とよびます。また、P(R | H)を尤度、P(H)を事前確率、P(R)を周辺尤度といいます。事前確率とは結果（データ）が得られる前の確率を意味します。尤度P(R | H)とは原因Hから結果Rが起こる確率を示します。周辺尤度P(R)はその結果Rが起きる全確率を表し、計算するとある決まった値になります。

ベイズの基本公式は今後も多くでてくる公式です。この公式を数学記号ではなく、用語で表すと次のようになります。

$$(事後確率) = \frac{(事前確率) \times (尤度)}{(周辺尤度)} \tag{3}$$

周辺尤度は定数なので、事後確率は事前確率と尤度の積に比例するとも言えます。従って、比例の記号 ∝ を使うと次のように表わすことができます。

$$(事後確率) \propto (事前確率) \times (尤度) \tag{4}$$

ベイズの基本公式を用いて事後確率を求めることをベイズ推定（Bayesian inference）といいます。次の例題でベイズ推定を考えてみましょう。

A国の国民でウィルスBの感染率は1/100,000＝10^{-5}です。その検査法は感度が十分に高くないため、感染者の検査陽性率は90%です。一方、この検査法で非感染者の1％を陽性と誤判定してしまいます。Cさんがこの検査法で検査した結果、陽性と判定されました。CさんがウィルスBに実際に感染している確率を求めなさい。

解答　陽性という検査結果から実際に感染しているという事実（原因）がどの程度の確率かを推定します。感染と検査結果について、(i) 感染していて検査が陽性、(ii) 感染していて検査が陰性、(iii) 非感染で検査が陽性、(iv) 非感染で検査が陰性という4つの場合が考えられます。表にすると次のように表わせます。

	感染	非感染
陽性	(i)	(iii)
陰性	(ii)	(iv)

感染と検査陽性という事象をそれぞれIとYとすると、求める確率は陽性という検査結果の上で感染している確率ですから、P(I｜Y)となり、ベイズの定理式(2)を使うと次の式で表されます。

$$P(I\mid Y)=\frac{P(Y\mid I)P(I)}{P(Y)}$$

ここで、求める確率P(I｜Y)は事後確率であり、尤度P(Y｜I)は感染していて陽性となる確率、事前確率P(I)は検査前の（データによる）感染確率、周辺尤度P(Y)は検査で陽性となる確率です。

尤度P(Y｜I)は感染者の検査陽性率ですから0.9、事前確率P(I)は検査前のCさんの感染率ですが、この国の感染率から0.00001とします。周辺尤度P(Y)は検査で陽性となる全事象の確率の和です。つまり、P(Y)は上記の i 感染者

の90%と ⅲ 非感染者の1%の和となり、P(Y)=10^{-5}×0.90+（1-10^{-5}）×0.01=0.010009です。これらの値を上の式に代入すると、P(I｜Y)=0.00090となります。結果としてこの数字自体は非常に低い値ですが、感染確率は検査前の0.000001から0.000090に90倍上がったと考えられます。

クイズ1

A国民の中でウィルスBの感染率は1/100,000=10^{-5}です。その検査法は感度が高く、感染者の検査陽性率は98%です。一方、この検査法で非感染者の2%を陽性と誤判定してしまいます。Cさんがこの検査法で検査した結果、陽性と判定されました。この人がウィルスBに実際に感染している確率を求めなさい。次の空欄を埋めなさい。

　　上の例題1と同様に考えると、P(Y｜I)は感染者の検査陽性率ですから Ⓐ、P(I)は検査前のCさんの感染率ですが、この国の感染率から Ⓑ です。P(Y)は検査で陽性となる全事象の確率の和です。つまり、感染者の Ⓒ %と非感染者の Ⓓ %の和となり、P(Y)= Ⓔ × Ⓕ +(1- Ⓔ)× Ⓖ =0.0200です。これらの値を上の式に代入すると、P(I｜Y)= Ⓗ となります。この数字自体は非常に低い値ですが、感染確率は検査前の0.00001から Ⓗ に Ⓘ 倍上がったと考えられます。

クイズ2

ある地域で疾病Sの感染率は現在10^{-5}です。Sに対する検査法では感染者の90%が陽性となる一方、非感染者の5%も陽性と判定されてしまいます。Tさんがこの検査を受けた結果、陰性と判定されました。Tさんが実際に感染していない確率を求めなさい。次の空欄を埋めなさい。

　　上の例題1と同様に考えると、求める確率は陰性という検査結果の上で感染していない確率ですから、P(not I｜not Y) となり、式(2)のベイズの定理を使うと次の式で表されます。

$$P(not I \mid not Y) = \frac{P(not Y \mid not I)P(not I)}{P(not Y)}$$

P(not Y｜not I) は非感染者の検査陰性率ですから1- Ⓐ = Ⓑ、

$P(not\ I)$ は検査前のTさんの非感染率ですが、この地域での感染率から1-$\boxed{C}$=$\boxed{D}$です。$P(not\ Y)$ は検査で陰性となる全事象の確率の和です。つまり、感染者の100-$\boxed{E}$=$\boxed{F}$%と非感染者の$\boxed{G}$%の和となり、$P(not\ Y)$=$\boxed{H}$×$\boxed{I}$+(1-$\boxed{H}$)×$\boxed{J}$=0.950です。これらの値を上の式に代入すると、$P(not\ Y\ |\ not\ I)$=$\boxed{K}$×0.99999/0.950=0.99999となります。この値は検査前の非感染確率$\boxed{L}$と同じで、陰性の検査結果自体はTさんの非感染確率に影響を与えなかったことになります。

　一つの結果に対して原因が数多く考えられることもあります。例えば、結果Rが互いに重複のない（背反な）3つの原因A, B, Cから起こるとき、結果Rが原因Aによって起こる確率P(A｜R)を推定しましょう（図2の太線部分）。

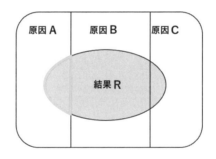

図2　複数の原因の関与
原因A, B, Cに関して塗りつぶした部分が結果Rに関与した部分を示します。

　ベイズの定理に従うと、P(A｜R)は次のように表わされます。

$$P(A\ |\ R) = \frac{P(R\ |\ A)P(A)}{P(R)}$$

この例では原因は3つあるので、図2からわかるようにP(R)は次の式のように3つの確率の和として表されます。

$$P(R) = P(A \cap R) + P(B \cap R) + P(C \cap R) \tag{5}$$

この式に乗法定理を用いると、次の式のように表されます。

$$P(R) = P(A)P(R \mid A) + P(B)P(R \mid B) + P(C)P(R \mid C) \qquad (6)$$

この式を式(2)のベイズの基本公式の分母、つまり周辺尤度に代入すると、次のように表わされます。

$$P(A \mid R) = \frac{P(R \mid A)P(A)}{P(A)P(R \mid A) + P(B)P(R \mid B) + P(C)P(R \mid C)} \qquad (7)$$

この式を使って次の例題を考えます。

例題 2

製品Zを3つの工場A, B, Cで製造する企業があります。その製造能力の比はそれぞれ60%、30%、10%です。一方、工場A, B, Cから規格外製品の出る割合はそれぞれ0.2%、0.1%、0.2%です。製品Zから取り出したサンプル1個が規格外であったとき、それが工場Bで製造された確率を求めなさい。

解答　サンプルが規格外である事象をRとし、原因が3つの場合の式(7)を適用します。工場Aでの製造比から$P(A) = 0.6$となります。同様に$P(B) = 0.3$、$P(C) = 0.1$です。工場Aからの製品の不良率は0.2%ですから、$P(R \mid A) = 0.002$となり、同様に$P(R \mid B) = 0.001$, $P(R \mid C) = 0.002$です。

求める確率は$P(B \mid R)$ですから、以上の数値を式(7)に代入すると、

$$P(B|R) = \frac{0.3 \times 0.001}{0.6 \times 0.002 + 0.3 \times 0.001 + 0.1 \times 0.002}$$

となります。これを計算すると、

$$P(B|R) = \frac{0.003}{0.0012 + 0.0003 + 0.0002} = \frac{3}{17} \approx 0.176$$

となります。

クイズ 3

例題2で、工場A, B, Cから規格外製品の出る割合がそれぞれ0.1%、0.2%、0.3%の場合、求める確率はいくつになりますか。

3. ベイズ更新

　ベイズ統計では、ある原因について得られた事後確率を次のベイズ推定の事前確率として使うことができます。この操作を繰り返すことで、結果に対するその原因の寄与率について精度を高めていくことができます。これをベイズ更新（Bayesian updating）といいます。次の例題では結果に対して原因（箱）が二つ考えられる場合、どちらかである確率をベイズ更新によって求めています。

例題 3

　Aの貯金箱には10円玉と100円玉が2:7の比率で、Bの貯金箱には5:3の比率でそれぞれ数多く入っています。今、AかBか分からないまま箱を一つ選び、そこから無作為に連続して3つ硬貨を取り出すと「10円玉、100円玉、10円玉」の順番でした。このとき選んだ箱がBである確率を求めなさい。

解答　1つ目の硬貨（10円玉）を取り出したとき、事前確率として箱Aが選ばれる確率P(A)と箱Bが選ばれる確率P(B)は何の情報もないので、互いに等しいと考え、P(A)=P(B)=1/2とします。箱AとBから10円玉が取り出される確率はそれぞれ2/9と5/8です。ここでは箱Bを考えるので、尤度は5/8になります。周辺尤度は10円玉を取り出したことに対してAとBの尤度を考えるので、$\frac{1}{2} \times \frac{2}{9} + \frac{1}{2} \times \frac{5}{8}$

となります。結果Rが箱Bに起因する事後確率を$P(B|R)$で表すと、これらの数値をベイズの基本公式に代入して、

$$P(B|R) = \frac{1}{2} \times \frac{5}{8} \Big/ \left(\frac{1}{2} \times \frac{2}{9} + \frac{1}{2} \times \frac{5}{8} \right) = \frac{45}{61} \approx 0.738$$

が得られます。
2つ目の硬貨（100円玉）に対してはBについて事前確率P(B)=0.738となりますから、P(A)=1−0.738=0.262となります。100円玉が取り出されるAとBの確率はそれぞれ7/9と3/8です。したがって事後確率P(B|R)は次のよう

に示されます。

$P(B|R)=0.738×(3/8)/\{0.262×(7/9)+0.738×(3/8)\}=0.277/(0.204+0.277) ≈ 0.576.$

3つ目の硬貨（10円玉）に対して、事前確率P(B)=0.576となります。したがって、P(A)=1−0.576=0.424です。最終的な事後確率$P(B|R)$は次のように計算できます。

$P(B|R)=0.576×(5/8)/\{0.424×(2/9)+0.576×(5/8)\}$
$=0.36/(0.0942+0.36) ≈ 0.79.$

一方、最終的な$P(A|R)$は1−0.79=0.21となります。最終的にはBの箱が選ばれた確率の方がかなり高いという推定結果となりました。3回の試行結果からP(B)の値の変化を示すと次のグラフのようになります。試行0回目では事前確率0.5を使っています。

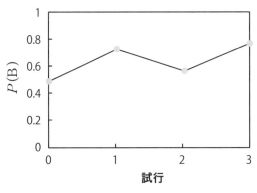

ベイズ更新：選んだ貯金箱が B である確率

クイズ 4

例題3でAの貯金箱には10円玉と100円玉が4：3の比率で、Bの貯金箱には2：3の比率でそれぞれ数多く入っているとき、この箱がBである確率を求めなさい。次の空欄を埋めなさい。

1つ目の硬貨（10円玉）を取り出したとき、事前確率として箱

Aが選ばれる確率P(A)と箱Bが選ばれる確率P(B)はともに等しく、P(A)=P(B)=Ⓐとします。箱AとBから10円玉が取り出される確率はそれぞれⒷとⒸです。ここでは箱Bを考えるので、尤度はⒹになります。結果Rが箱Bに起因する事後確率を$P(B|R)$で表すと、これらの数値をベイズの基本公式に代入して、

$$P(B|R)=(1/2)\times(\boxed{E})/\{(1/2)\times(4/7)+(1/2)\times(\boxed{F})\}$$
$$=(1/5)/(17/35)\approx 0.412$$

が得られます。

2つ目の硬貨(100円玉)に対してはBについて事前確率P(B)=Ⓖとなりますから、P(A)=1−Ⓖ=0.588となります。したがって$P(B|R)$は次のように示されます。

$$P(B|R)=0.412\times\boxed{H}/(0.588\times\boxed{I}+0.412\times\boxed{J})$$
$$=0.247/(0.252+0.247)\approx 0.495.$$

3つ目の硬貨(10円玉)に対して、事前確率P(B)=0.495となります。したがって、P(A)=1−0.495= 0.505です。最終的な$P(B|R)$は次のように計算できます。

$$P(B|R)=0.495\times\boxed{K}/(0.505\times\boxed{L}+0.495\times\boxed{M})$$
$$=0.198/(0.289+0.198)\approx 0.41.$$

4. ベイズ統計学と確率分布

ベイズ統計学では前述したように対象とするパラメーターを確率変数として考えます。次の例で考えてみましょう。

例題 4

サイコロAを8回振ったところ、5の目が2回出ました。このサイコロで5の目の出る確率(事後分布)を求めなさい。

解答 サイコロAで5の目の出る確率をθとします。ただし、$0\leq\theta\leq 1$.サイコロの結果、つまり得たデータをDとおくと、ベイズ統計学ではDに基づくθの事後分布$\pi(\theta|D)$を求めます。(πはパイとよびます。)そこで式(3)の尤度$f(D|\theta)$を考えると、$f(D|\theta)$は原因(ここでは5の目の出る確率θ)から結果D(8回中2回5の目が出た)が生じる確率です。ここではサイコロAを振って5の目が出るか出ないかに注

目しているので、複数回サイコロを振ったとき5の目が出る回数は二項分布に従うと考えられます。従って、8回振って2回5の目が出る確率が尤度であり、それは

$$f(D \mid \theta) = {}_8C_2\theta^2(1-\theta)^{8-2} = 28\theta^2(1-\theta)^6$$

と表せます。つぎに、事前分布を考えます。この問題では確率θについて事前の情報は何もありません。このような場合は一様分布を事前分布とします。一様分布とはパラメーターがどのような値を取ってもその確率が等しい、つまり一様である分布です。この問題ではθに関してとる範囲が$0 \leq \theta \leq 1$であるので、どのようなθの値についてもそれが生じる確率P(θ)は1となります。つまり、次の図に示すように、一様分布で全確率に相当する四角形の面積が1、θの範囲が1なので、高さに相当する確率P(θ)は1となります。

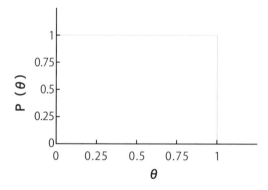

一様分布 Uni (0, 1)

式(4)より事後分布$\pi(\theta|D)$は$\pi(\theta|D) \propto 1 \times f(D|\theta)$となります[注]。さらに、$f(D|\theta)$の28も定数ですから、最終的に$\pi(\theta)$は$\pi(\theta) = a\theta^2(1-\theta)^6$と表せ、これが事後分布になります。ここで、$a$は定数です。

[注] 周辺尤度は定義より$P(R) = \int_0^1 1 \times f(\theta)d\theta = \int_0^1 28\theta^2(1-\theta)^6 d\theta$となります。

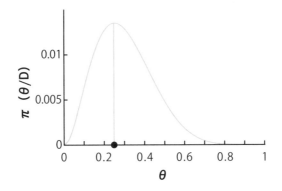

事後分布 π(θ|D)の概形　**Ex8-1 Bayes**
黒丸は最頻値 θ=0.25を示します。

　このπ（θ|D）の確率分布の概形を描くと上の図のようになります。ただし、ここでは簡単のため a=1 として描いています。a の値によって描かれた曲線は縦方向に変わりますが、形状自体は変わりません。（正確には a はこの曲線と横軸で囲まれた部分の面積が全確率である1となるような値になる必要があります。）

　例題4の事後分布の特徴を表すにはどのようなパラメーターを使えば点推定の値として捉えやすいでしょうか。その候補として、頻度によるこれまでの統計学と同様に平均、最頻値、中央値があります。ここでは最頻値を考えてみます。この図で最頻値は確率密度曲線の頂点の位置で θ=0.25 です。この手法を Maximum a posteriori（MAP）推定法といい、これは以前説明した最尤法と同じ考え方です。最尤法との違いは事前確率があるかどうかです。

　なお、従来の頻度論に従うと（試行回数は非常に少ないのですが）θ=2/8=0.25と推定でき、MAP推定法での推定値と同じ値となりました。ただし、これは常に成り立つわけではありません。

ある市の市長選で立候補者はL氏、M氏とN氏の3人います。選挙前の調査では20人中14人がL氏を、3人がM氏を、3人がN氏を支持していました。L氏の支持率をMAP推定法で求めなさい。空欄を埋めなさい。

ここではL氏を支持するかしないかの2択しかないので、20人中の支持者の数は$\boxed{A}$分布に従います。L氏の支持率をθと置き、選挙前の調査結果Dから事後分布$\pi(\theta|D)$を求めます。ただし$0 \le \theta \le 1$。尤度は次の$f(D|\theta)$で表されます。

$$f(D|\theta) = {}_{\boxed{B}}C_{\boxed{C}}\theta^{\boxed{D}}(1-\theta)^{\boxed{E}-\boxed{F}} = {}_{\boxed{B}}C_{\boxed{C}}\theta^{\boxed{D}}(1-\theta)^{\boxed{G}}$$

θについて前もって情報はないので、事前分布は$\boxed{H}$分布を考えると、その確率はどのようなθの値についても$\boxed{I}$です。事後分布$\pi(\theta|D)$は事前分布と尤度の$\boxed{J}$に比例するので、最終的に次の式で表されます。

$$\pi(\theta|D) = a\theta^{\boxed{K}}(1-\theta)^{\boxed{L}}$$

ここでaは定数です。仮に$a=1$として$\pi(\theta|D)$の概形を描くと下の図のようになります。最頻値（図の黒丸）を求めると、$\theta = 0.7$となります。この値がMAP推定法で求めた支持率になります。

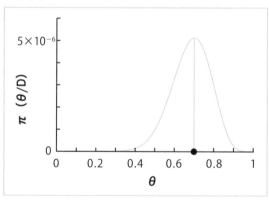

参考 ■ ベイズ統計学の応用例

これまで説明してきたように尤度および事前分布にはその対象に適した分布が使われます。事後分布はそれらに応じて計算されます。ここで、尤度および事前分布にそれぞれ二項分布と超幾何分布を適用した例を説明し

ます。

　中学校のあるクラス（生徒数35人）で出した宿題を何人が終えているか
を知るため、無作為に選んだ9人の生徒に聞いたところ、3人の生徒がす
でに終えていました。この結果から、このクラスで宿題を終わらせている
生徒数を推定しましょう。

　生徒は宿題を終わっているかいないかのどちらかです。従って宿題を終
わっている事象をAとおくと、35人の中でAである生徒数は二項分布に従
います。しかし、事前には何の情報もないので、ここでは生徒がAである
確率は0.5であると考えます。したがって、Aである生徒数の分布は二項分
布Bi(35, 0.5) となり、これが事前分布となります。次に、一部の生徒を
無作為に選び、そこから結果を得ました。このような調査結果を表すため
には超幾何分布が適用できます。すなわち、尤度関数として母集団の大き
さ35、標本数9、標本の成功数3の超幾何分布を用います。事後分布は、
事前分布と尤度関数の積から計算できるので、実際に行うと下の図3に示
すような事後分布が得られます。この分布の最頻値は16人で、これが
MAP推定法による値となります。なお、各学生数についての確率を積算
していくと、この推定値の95%存在区間（ベイズ統計学では確信区間とい
います）は11人から20人までの区間となります。

　このようにして、ベイズ統計学は色々な分野に適用できます。特に、安
全に関わるリスク評価を行なうための一つの手法として、近年盛んにベイ
ズ統計学が使われています。

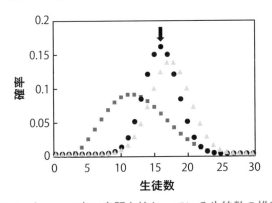

図3　クラスの中で宿題を終わっている生徒数の推定
▲：事前分布、■：尤度、●：事後分布
矢印は最頻値を示します。

正規分布表

zの値に対するグラフの塗りつぶされた部分の面積$\Phi(z)$を示します。

最上列の数字0－9は各行のzの小数点第2位の数字を示します。

z	0	1	2	3	4	5	6	7	8	9
0.0	0.500	0.496	0.492	0.488	0.484	0.480	0.476	0.472	0.468	0.464
0.1	0.460	0.456	0.452	0.448	0.444	0.440	0.436	0.433	0.429	0.425
0.2	0.421	0.417	0.413	0.409	0.405	0.401	0.397	0.394	0.390	0.386
0.3	0.382	0.378	0.374	0.371	0.367	0.363	0.359	0.356	0.352	0.348
0.4	0.345	0.341	0.337	0.334	0.330	0.326	0.323	0.319	0.316	0.312
0.5	0.309	0.305	0.302	0.298	0.295	0.291	0.288	0.284	0.281	0.278
0.6	0.274	0.271	0.268	0.264	0.261	0.258	0.255	0.251	0.248	0.245
0.7	0.242	0.239	0.236	0.233	0.230	0.227	0.224	0.221	0.218	0.215
0.8	0.212	0.209	0.206	0.203	0.200	0.198	0.195	0.192	0.189	0.187
0.9	0.184	0.181	0.179	0.176	0.174	0.171	0.169	0.166	0.164	0.161
1.0	0.159	0.156	0.154	0.152	0.149	0.147	0.145	0.142	0.140	0.138
1.1	0.136	0.133	0.131	0.129	0.127	0.125	0.123	0.121	0.119	0.117
1.2	0.115	0.113	0.111	0.109	0.107	0.106	0.104	0.102	0.100	0.099
1.3	0.097	0.095	0.093	0.092	0.090	0.089	0.087	0.085	0.084	0.082
1.4	0.081	0.079	0.078	0.076	0.075	0.074	0.072	0.071	0.069	0.068
1.5	0.067	0.066	0.064	0.063	0.062	0.061	0.059	0.058	0.057	0.056
1.6	0.055	0.054	0.053	0.052	0.051	0.049	0.048	0.047	0.046	0.046
1.7	0.045	0.044	0.043	0.042	0.041	0.040	0.039	0.038	0.038	0.037
1.8	0.036	0.035	0.034	0.034	0.033	0.032	0.031	0.031	0.030	0.029
1.9	0.029	0.028	0.027	0.027	0.026	0.026	0.025	0.024	0.024	0.023
2.0	0.023	0.022	0.022	0.021	0.021	0.020	0.020	0.019	0.019	0.018
2.1	0.018	0.017	0.017	0.017	0.016	0.016	0.015	0.015	0.015	0.014
2.2	0.014	0.014	0.013	0.013	0.013	0.012	0.012	0.012	0.011	0.011
2.3	0.011	0.010	0.010	0.010	0.010	0.009	0.009	0.009	0.009	0.008
2.4	0.008	0.008	0.008	0.008	0.007	0.007	0.007	0.007	0.007	0.006
2.5	0.006	0.006	0.006	0.006	0.006	0.005	0.005	0.005	0.005	0.005
2.6	0.005	0.005	0.004	0.004	0.004	0.004	0.004	0.004	0.004	0.004
2.7	0.003	0.003	0.003	0.003	0.003	0.003	0.003	0.003	0.003	0.003
2.8	0.003	0.002	0.002	0.002	0.002	0.002	0.002	0.002	0.002	0.002
2.9	0.002	0.002	0.002	0.002	0.002	0.002	0.002	0.001	0.001	0.001
3.0	0.001	0.001	0.001	0.001	0.001	0.001	0.001	0.001	0.001	0.001
3.1	0.001	0.001	0.001	0.001	0.001	0.001	0.001	0.001	0.001	0.001
3.2	0.001	0.001	0.001	0.001	0.001	0.001	0.001	0.001	0.001	0.001
3.3	0.000	0.000	0.000	0.000	0.000	0.000	0.000	0.000	0.000	0.000
3.4	0.000	0.000	0.000	0.000	0.000	0.000	0.000	0.000	0.000	0.000
3.5	0.000	0.000	0.000	0.000	0.000	0.000	0.000	0.000	0.000	0.000

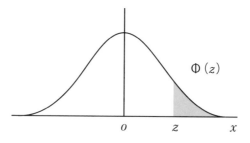

χ^2分布表

　自由度nに対してグラフの塗りつぶされた部分の面積αを示すtの値を示します。

		a								
		0.975	0.95	0.9	0.5	0.1	0.05	0.025	0.01	0.005
n	1	0.001	0.004	0.016	0.455	2.71	3.84	5.02	6.63	7.88
	2	0.051	0.103	0.211	1.39	4.61	5.99	7.38	9.21	10.60
	3	0.216	0.352	0.584	2.37	6.25	7.81	9.35	11.34	12.84
	4	0.484	0.711	1.06	3.36	7.78	9.49	11.14	13.28	14.86
	5	0.831	1.15	1.61	4.35	9.24	11.07	12.83	15.09	16.75
	6	1.24	1.64	2.20	5.35	10.64	12.59	14.45	16.81	18.55
	7	1.69	2.17	2.83	6.35	12.02	14.07	16.01	18.48	20.28
	8	2.18	2.73	3.49	7.34	13.36	15.51	17.53	20.09	21.95
	9	2.70	3.33	4.17	8.34	14.68	16.92	19.02	21.67	23.59
	10	3.25	3.94	4.87	9.34	15.99	18.31	20.48	23.21	25.19
	11	3.82	4.57	5.58	10.34	17.28	19.68	21.92	24.72	26.76
	12	4.40	5.23	6.30	11.34	18.55	21.03	23.34	26.22	28.30
	13	5.01	5.89	7.04	12.34	19.81	22.36	24.74	27.69	29.82
	14	5.63	6.57	7.79	13.34	21.06	23.68	26.12	29.14	31.32
	15	6.26	7.26	8.55	14.34	22.31	25.00	27.49	30.58	32.80
	16	6.91	7.96	9.31	15.34	23.54	26.30	28.85	32.00	34.27
	17	7.56	8.67	10.09	16.34	24.77	27.59	30.19	33.41	35.72
	18	8.23	9.39	10.86	17.34	25.99	28.87	31.53	34.81	37.16
	19	8.91	10.12	11.65	18.34	27.20	30.14	32.85	36.19	38.58
	20	9.59	10.85	12.44	19.34	28.41	31.41	34.17	37.57	40.00
	30	16.79	18.49	20.60	29.34	40.26	43.77	46.98	50.89	53.67
	40	24.43	26.51	29.05	39.34	51.81	55.76	59.34	63.69	66.77
	50	32.36	34.76	37.69	49.33	63.17	67.50	71.42	76.15	79.49
	60	40.48	43.19	46.46	59.33	74.40	79.08	83.30	88.38	91.95
	70	48.76	51.74	55.33	69.33	85.53	90.53	95.02	100.43	104.21
	80	57.15	60.39	64.28	79.33	96.58	101.88	106.63	112.33	116.32
	90	65.65	69.13	73.29	89.33	107.57	113.15	118.14	124.12	128.30
	100	74.22	77.93	82.36	99.33	118.50	124.34	129.56	135.81	140.17

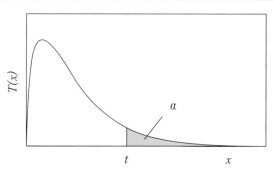

　自由度mとnに対してグラフの塗りつぶされた面積が0.01となるtの値を示します。

		m							
		1	2	3	4	5	6	7	8
n	1	4052	4999	5403	5625	5764	5859	5928	5981
	2	98.50	99.00	99.17	99.25	99.30	99.33	99.36	99.37
	3	34.12	30.82	29.46	28.71	28.24	27.91	27.67	27.49
	4	21.20	18.00	16.69	15.98	15.52	15.21	14.98	14.80
	5	16.26	13.27	12.06	11.39	10.97	10.67	10.46	10.29
	6	13.75	10.92	9.78	9.15	8.75	8.47	8.26	8.10
	7	12.25	9.55	8.45	7.85	7.46	7.19	6.99	6.84
	8	11.26	8.65	7.59	7.01	6.63	6.37	6.18	6.03
	9	10.56	8.02	6.99	6.42	6.06	5.80	5.61	5.47
	10	10.04	7.56	6.55	5.99	5.64	5.39	5.20	5.06
	11	9.65	7.21	6.22	5.67	5.32	5.07	4.89	4.74
	12	9.33	6.93	5.95	5.41	5.06	4.82	4.64	4.50
	13	9.07	6.70	5.74	5.21	4.86	4.62	4.44	4.30
	14	8.86	6.51	5.56	5.04	4.69	4.46	4.28	4.14
	15	8.68	6.36	5.42	4.89	4.56	4.32	4.14	4.00
	16	8.53	6.23	5.29	4.77	4.44	4.20	4.03	3.89
	17	8.40	6.11	5.18	4.67	4.34	4.10	3.93	3.79
	18	8.29	6.01	5.09	4.58	4.25	4.01	3.84	3.71
	19	8.18	5.93	5.01	4.50	4.17	3.94	3.77	3.63
	20	8.10	5.85	4.94	4.43	4.10	3.87	3.70	3.56
	30	7.56	5.39	4.51	4.02	3.70	3.47	3.30	3.17
	40	7.31	5.18	4.31	3.83	3.51	3.29	3.12	2.99
	50	7.17	5.06	4.20	3.72	3.41	3.19	3.02	2.89
	60	7.08	4.98	4.13	3.65	3.34	3.12	2.95	2.82
	70	7.01	4.92	4.07	3.60	3.29	3.07	2.91	2.78
	80	6.96	4.88	4.04	3.56	3.26	3.04	2.87	2.74
	90	6.93	4.85	4.01	3.53	3.23	3.01	2.84	2.72
	100	6.90	4.82	3.98	3.51	3.21	2.99	2.82	2.69

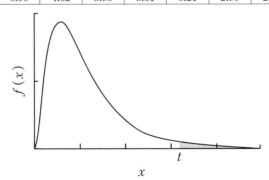

9	10	12	14	16	20	30	40	50
6022	6056	6106	6143	6170	6209	6261	6287	6303
99.39	99.40	99.42	99.43	99.44	99.45	99.47	99.47	99.48
27.35	27.23	27.05	26.92	26.83	26.69	26.50	26.41	26.35
14.66	14.55	14.37	14.25	14.15	14.02	13.84	13.75	13.69
10.16	10.05	9.89	9.77	9.68	9.55	9.38	9.29	9.24
7.98	7.87	7.72	7.60	7.52	7.40	7.23	7.14	7.09
6.72	6.62	6.47	6.36	6.28	6.16	5.99	5.91	5.86
5.91	5.81	5.67	5.56	5.48	5.36	5.20	5.12	5.07
5.35	5.26	5.11	5.01	4.92	4.81	4.65	4.57	4.52
4.94	4.85	4.71	4.60	4.52	4.41	4.25	4.17	4.12
4.63	4.54	4.40	4.29	4.21	4.10	3.94	3.86	3.81
4.39	4.30	4.16	4.05	3.97	3.86	3.70	3.62	3.57
4.19	4.10	3.96	3.86	3.78	3.66	3.51	3.43	3.38
4.03	3.94	3.80	3.70	3.62	3.51	3.35	3.27	3.22
3.89	3.80	3.67	3.56	3.49	3.37	3.21	3.13	3.08
3.78	3.69	3.55	3.45	3.37	3.26	3.10	3.02	2.97
3.68	3.59	3.46	3.35	3.27	3.16	3.00	2.92	2.87
3.60	3.51	3.37	3.27	3.19	3.08	2.92	2.84	2.78
3.52	3.43	3.30	3.19	3.12	3.00	2.84	2.76	2.71
3.46	3.37	3.23	3.13	3.05	2.94	2.78	2.69	2.64
3.07	2.98	2.84	2.74	2.66	2.55	2.39	2.30	2.25
2.89	2.80	2.66	2.56	2.48	2.37	2.20	2.11	2.06
2.78	2.70	2.56	2.46	2.38	2.27	2.10	2.01	1.95
2.72	2.63	2.50	2.39	2.31	2.20	2.03	1.94	1.88
2.67	2.59	2.45	2.35	2.27	2.15	1.98	1.89	1.83
2.64	2.55	2.42	2.31	2.23	2.12	1.94	1.85	1.79
2.61	2.52	2.39	2.29	2.21	2.09	1.92	1.82	1.76
2.59	2.50	2.37	2.27	2.19	2.07	1.89	1.80	1.74

*t*分布表

自由度nに対してグラフの塗りつぶされた面積がα（片側$\alpha/2$ずつ）となるtを示します。

n	α				
	0.1	0.05	0.025	0.01	0.005
1	6.314	12.706	25.452	63.657	127.32
2	2.920	4.303	6.205	9.925	14.089
3	2.353	3.182	4.177	5.841	7.453
4	2.132	2.776	3.495	4.604	5.598
5	2.015	2.571	3.163	4.032	4.773
6	1.943	2.447	2.969	3.707	4.317
7	1.895	2.365	2.841	3.499	4.029
8	1.860	2.306	2.752	3.355	3.833
9	1.833	2.262	2.685	3.250	3.690
10	1.812	2.228	2.634	3.169	3.581
11	1.796	2.201	2.593	3.106	3.497
12	1.782	2.179	2.560	3.055	3.428
13	1.771	2.160	2.533	3.012	3.372
14	1.761	2.145	2.510	2.977	3.326
15	1.753	2.131	2.490	2.947	3.286
16	1.746	2.120	2.473	2.921	3.252
17	1.740	2.110	2.458	2.898	3.222
18	1.734	2.101	2.445	2.878	3.197
19	1.729	2.093	2.433	2.861	3.174
20	1.725	2.086	2.423	2.845	3.153
30	1.697	2.042	2.360	2.750	3.030
40	1.684	2.021	2.329	2.704	2.971
50	1.676	2.009	2.311	2.678	2.937
60	1.671	2.000	2.299	2.660	2.915
70	1.667	1.994	2.291	2.648	2.899
80	1.664	1.990	2.284	2.639	2.887
90	1.662	1.987	2.280	2.632	2.878
100	1.660	1.984	2.276	2.626	2.871
120	1.658	1.980	2.270	2.617	2.860
140	1.656	1.977	2.266	2.611	2.852

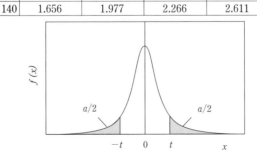

クイズ解答

第1章

クイズ1　78.2（間隔尺度）

クイズ2　データを数値の小さい順から（昇順）並べ替え、例えば
階級の幅を250万円で描くと次のようになります。

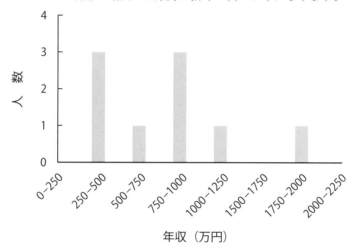

クイズ3

1. $\displaystyle\sum_{i=2}^{6} i = 2+3+4+5+6 = 20$

2. $\displaystyle\sum_{i=2}^{4} i^2 = 2^2+3^2+4^2 = 4+9+16 = 29$

3. $\displaystyle\sum_{i=1}^{5} 2 = 2+2+2+2+2 = 10$

4. $\displaystyle\sum_{i=1}^{4} bi = b+2b+3b+4b = 10b$

5. $\displaystyle\sum_{i=1}^{8} b = 8b$

6. $\displaystyle\sum_{i=1}^{4}(b+i)=(b+1)+(b+2)+(b+3)+(b+4)=4b+10$

クイズ4

1. 小さな値から順に並べると、{12, 15, <u>26</u>, 34, 73}となります。5個（奇数）の数値の中央は3番目（下線部）ですから、26が中央値です。

2. 小さな値から順に並べると、{11, 28, <u>34</u>, <u>56</u>, 67, 90}となります。6個（偶数）の数値の中央値は3番目と4番目の数値（下線部）の平均ですから、(34＋56)/2＝45が中央値です。

クイズ5

最頻値は（2回現れる）56点となります。このデータを数値の小さい順から並べると49, 56, 56, <u>63</u>, <u>75</u>, 78, 80, 83となり、中央値は63と75の平均から69点となります。

クイズ6

標本分散　92.9，　不偏標本分散　111，　標本標準偏差　9.64，
不偏標準偏差　10.6

クイズ7　　　0.704

第2章

クイズ 1

1.　$A=\{3,4,5,6,7,8,9\}$　　2.　$B=\{2,4,6,8,10\}$
3.　$C=\{2,3,4,5,6,7,8,9,10\}$　　4.　$D=\{4,6,8\}$

クイズ 2

1.　$A\cap B=\{4,5,7\}$　　2.　$A\cup B=\{2,3,4,5,6,7,9\}$
3.　$A_c=\{1,6,8,9,10,11,12\}$

クイズ 3

$n(B)=n(U)-n(B_c)=100-40=60$
$n(A\cap B)=n(B)-n(A_c\cap B)=60-20=40$
$n(A)=n(A\cap B)+n(A\cup B)-n(B)=40+70-60=50$
または$n(A)=n(A\cup B)-n(A_c\cap B)=70-20=50$

クイズ 4

1.　$5!=5\times4\times3\times2\times1=120$
2.　$3!\times3!=(3\times2\times1)^2=36$
3.　$\dfrac{5!}{3!}=\dfrac{5\times4\times3\times2\times1}{3\times2\times1}=5\times4=20$
4.　$\dfrac{7!}{10!}=\dfrac{7\times6\times5\times4\times3\times2\times1}{10\times9\times8\times7\times6\times5\times4\times3\times2\times1}=\dfrac{1}{10\times9\times8}=\dfrac{1}{720}$

クイズ 5

1.　${}_8P_3=8!/5!=8\times7\times6=336$
2.　${}_7P_3=7!/5!=7\times6=42$
3.　${}_7P_5=7!/2!=7\times6\times5\times4\times3=2520$

クイズ 6

${}_{12}P_3=12!/9!=12\times11\times10=1320\,(通り)$

クイズ 7

1.　$8!/(5!\times3!)=8\times7\times6/(3\times2\times1)=56$
2.　$7!/(5!\times2!)=7\times6/2=21$

3. $7!/(2! \times 5!) = 21$

クイズ8

$_{20}C_3 = 20!/(17! \times 3!) = 20 \times 19 \times 18/(3 \times 2) = 1140$（通り）

クイズ9

求める組み合わせは赤い玉を4個選ぶ選び方$_6C_4$と黄色い玉を1個選ぶ選び方$_4C_1$の積となりますから、

$_6C_4 \times _4C_1 = 6!/(2! \times 4!) \times 4!/(3!1!) = 6!/(2!3!) = 4 \times 5 \times 3 = 60$（通り）

クイズ10

公平なサイコロを2回振って出た目の要素の数は36です。一方、その和が10以上となる事象は 表1 に示したように $\{4,6\}$、$\{5,5\}$、$\{5,6\}$、$\{6,4\}$、$\{6,5\}$、$\{6,6\}$ の6つの要素から成ります。したがってこの事象の起こる確率は $P(D) = \dfrac{6}{36} = \dfrac{1}{6}$ となります。

クイズ11

硬貨を3回トスしたときの現れ方は、1回で $\{$表、裏$\}$ の2通りあるので、3回では $\{$表表表$\}$、$\{$表表裏$\}$、$\{$表裏表$\}$、…のように$2^3 = 8$通りあります。

（i）裏が1回だけ現れる事象の要素は $\{$表表裏$\}$、$\{$表裏表$\}$、$\{$裏表表$\}$ であり、その数は3です。したがって求める確率は $\dfrac{3}{8}$ となります。

（ii）裏が1回あるいはそれ以上現れる事象の要素は、（i）に加えてさらに $\{$裏裏表$\}$、$\{$裏表裏$\}$、$\{$表裏裏$\}$、$\{$裏裏裏$\}$ があり、全部で7つあります。したがって求める確率は $\dfrac{7}{8}$ となります。

クイズ12

30人から3人選ぶ選び方は$_{30}C_3$通りあり、男子16人から3人選ぶ選び方は$_{16}C_3$通りあります。したがって求める確率は $_{16}C_3/_{30}C_3 = \dfrac{4}{29}$ となります。

別解：クラス30人の中から選んだ最初の委員が男子である確率は男子が16人であるので16/30です。2人目も男子である確率は残りの29人中男子15人が残っているので15/29、3人目も男子である確率は同様にして14/28ですから、全員が男子である確率はこれらの積となり、

$\dfrac{16}{30} \times \dfrac{15}{29} \times \dfrac{14}{28} = \dfrac{4}{29}$ です。

クイズ13

裏が1回あるいはそれ以上現れる事象の余事象は「3回とも表が出る」ですから、求める要素の数はすべての要素からこれを引いて $8-1=7$ です。したがって求める確率は $\dfrac{7}{8}$ となります。

クイズ14　(iii)と(iv)。

クイズ15　全要素 S の数 $n(S)$ は52です。

1. 絵札(F)は12枚あるので、求める確率 $P(F)$ は $\dfrac{12}{53} = \dfrac{3}{13}$.

2. ダイア(D)の絵札(F)は3枚あるので、求める確率 $P(D \cap F)$ は $\dfrac{3}{52}$.

3. 式(8)より $P(D \cup F) = P(D) + P(F) - P(D \cap F)$ の関係が成り立つので、この式に各値を代入して解きます。$P(D) = 13/52$ なので、

$$P(D \cup F) = \dfrac{13}{52} + \dfrac{12}{52} - \dfrac{3}{52} = \dfrac{22}{52} = \dfrac{11}{26}.$$

クイズ16

1. 製品1個が規格外である確率は0.003と考えられます。したがって2個とも規格外である確率は $0.003^2 = 0.000009$ です。

2. この余事象は「2個とも規格外ではない」ですから、その確率は $(1-0.003)^2 = 0.997^2$ です。したがって求める確率は $1-0.997^2$ より 0.006 となります。

クイズ17

1問につき正解となる確率は1/5と考えられます。余事象は「4題すべて正解である」ですから、その確率は $(1/5)^4$ です。したがって求める確率は $1-(1/5)^4 = 624/625 \approx 0.998$ となります。

1. その学生が物理で合格した確率は$P(Phy)=0.75$、化学で合格した確率は$P(Che)=0.85$、物理および化学で合格した確率は$P(Phy\cap Che)=0.6$と表せます。求める確率$P(Phy\,|\,Che)$は式(10)より

$$P(Phy|Che)=\frac{P(Phy\cap Che)}{P(Che)}=\frac{0.6}{0.85}=\frac{12}{17}\approx 0.706.$$

2. 式(8)より$P(Phy\cup Che)=P(Phy)+P(Che)-P(Phy\cap Che)=0.75+0.85-0.6=1$.（つまり2科目共に不合格者はいなかった。）

最初の目が5である事象Aの要素は$A=\{(5,1),\ (5,2),...(5,6)\}$となり、$n(A)=6$です。和が10以上である事象を$B$と置くと、事象$A\cap B$の要素は$\{(5,5),(5,6)\}$となります。したがって、確率$P(B|A)=\frac{2}{6}=\frac{1}{3}$です。

1. $P(A\cup B)=P(A)+P(B)-P(A\cap B)$より$P(A\cap B)=\frac{1}{3}+\frac{1}{4}-\frac{1}{2}=\frac{1}{12}$.

   $$P(A|B)=P(A\cap B)/P(B)=(1/12)/(1/4)=\frac{1}{3}$$

   $$P(B|A)=P(A\cap B)/P(A)=(1/12)/(1/3)=\frac{1}{4}$$

2. $P(A)P(B)=(1/3)(1/4)=1/12$となり、$P(A\cap B)$と等しいので、AとBは独立です。

各確率の和は1となるので、Xは表の4つの値のみ取ることが分かります。
$E[X]=0.2\times 2+0.4\times 4+0.2\times 5-0.2\times 2=0.4+0.6+1-0.4=2.6$

式(21)を使って$V[X]=0.2\times 2^2+0.4\times 4^2+0.2\times 5^2+0.2\times(-2)^2-2.6^2=0.8+6.4+5+0.8-6.76=6.24$

別解：$V[X]=0.2\times(2-2.6)^2+0.4\times(4-2.6)^2+0.2\times(5-2.6)^2+0.2\times(-2-2.6)^2=0.2\times(-0.6)^2+0.4\times 1.4^2+0.2\times 2.4^2+0.2\times(-4.6)^2=6.24$

クイズ22

当選金額を確率変数Xとすると、Xは確率$1/10000$で10万円、確率$1-1/10000=9999/10000$で0円となります。したがって、

$E[X]=1/10000\times100000+9999/100000\times0=10.$

$V[X]=1/10000\times100000^2+9999/10000\times0^2-10^2=10^6-100=999900.$

別解：$V[X]=1/10,000\times(1000,000-10)^2+9,999/10,000\times(0-10)^2$
$\qquad\qquad=999800.01+99.99=999,900$

クイズ23

このコインを1回トスした場合の平均と分散を求めると、

$$E[X_i]=\frac{1}{2}\times1+\frac{1}{2}\times0=\frac{1}{2}$$

$$V[X_i]=\frac{1}{2}\times1^2+\frac{1}{2}\times0^2-\left(\frac{1}{2}\right)^2=\frac{1}{2}-\frac{1}{4}=\frac{1}{4}$$

各試行はお互いに影響を及ぼさないと考えられるので、トスを6回行なった場合の平均と分散は

$$E[X]=\sum_{i=1}^{6}E[X_i]=\frac{1}{2}\times6=3$$

$$V[X]=\sum_{i=1}^{6}V[X_i]=\frac{1}{4}\times6=\frac{3}{2}$$

となります。

3章

$E[X] = p \times 1 + (1-p) \times 0 = p$

$V[X] = p \times 1^2 + (1-p) \times 0^2 - p^2 = p - p^2 = p(1-p)$

別解：$V[X] = p \times (1-p)^2 + (1-p) \times (0-p)^2 = (1-p)\{p(1-p) + p^2\}$
$= (1-p)p$

　各問題で正答する確率は$1/4$と考えられるので、6題中3題正解を選ぶ確率は式(3)より、${}_6C_3(1/4)^3(1-1/4)^{6-3} = 20 \times (1/4)^3(3/4)^3 \approx 0.132$となります。「少なくとも1題は正解を選ぶ」という事象の余事象は「全く正解を選ばない」ことです。その確率は${}_6C_0(1/4)^0(1-1/4)^{6-0} = (3/4)^6$ですから、求める確率は$1-(3/4)^6 \approx 0.822$となります。

　平均は$8 \times (1/4) = 2$、分散は$8 \times (1/4) \times (1-1/4) = 2 \times 3/4 = 3/2$.

　A市の交通事故数は1日当たり平均2件のポアソン分布に従うと考えられます。式(6)より$1-f(0)-f(1) = 1-0.135-0.271 = 0.594$.

　$V[X]/E[X] = (E[X]/p)/E[X] = (1/p)/1 = 1/p > 1$.　ただし$0 < \mathrm{p} < 1$.したがって、$V[X] > E[X]$.

　別解：$V[X] - E[X] = (E[X]/p) - E[X] = (1/p) - 1 > 0$.　ただし$0 < \mathrm{p} < 1$より$1/p > 1$.　したがって、$V[X] > E[X]$.

　100個の製品Aから5個の選び方は${}_{100}C_5$通りあります。$5-1=4$個の適合品の選び方は${}_{98}C_1$通りあり、1個の不適合品の選び方は${}_{100-98}C_1 = {}_2C_1$通りあります。したがって、求める確率は${}_{98}C_4 \times {}_2C_1 / {}_{100}C_5 = 3612280 \times$

2/75287520＝0.0960.

　なお、100と98を十分大きな値と考えると、二項分布で近似できます。すなわち、適合品を取り出す確率は98/100＝0.98ですから、二項分布に従って求める確率は $_5C_4(0.98)^4(1-0.98)^{5-4}=0.0922$.

　この問題では超幾何分布による値0.0960と若干違いがありました。

クイズ7
a.　$\sigma^2 = np(1-p) = 4 \times 0.25 \times (1-0.25) = 0.75$

b.　$\sigma^2 = np(1-p) = 100 \times 0.25 \times (1-0.25) = 18.75$

クイズ8

　1,180gを標準化変換すると、$Z = (1180-1200)/11 = -1.818\cdots$ となります。したがって、1,180g以下である確率は $P(-\infty \le Z \le -1.82)$ ですが、正規分布表で得られる確率は $P(1.82 \le Z \le +\infty) = 0.0344$ です。しかし、$P(1.82 \le Z \le +\infty)$ と $P(-\infty \le Z \le -1.82)$ とは $Z=0$ に関して左右対称の関係ですから、値は同じです。したがって、求める確率は0.0344です。

クイズ9

　このコインをトスして表が出る事象は確率1/2の二項分布に従います。したがって、200回トスして表が出る回数 X は確率変数であり、その平均は $np = 200/2 = 100$ です。また、分散 $np(1-p) = 200/2 \times (1-1/2) = 200/4 = 50$ より標準偏差は7.07となります。

　この試行を200回という数多くの回数行なうので、X は平均100、標準偏差7.07の正規分布に従うと考えられます。従って X が120回以上となる確率は標準化して $Z = (120-100)/7.07 = 2.828\cdots$ が得られます。求める確率は $P(2.83 \le Z \le +\infty)$ となり、正規分布表より0.0023となります。

クイズ10　　　$c = \dfrac{1}{(9-4)} = \dfrac{1}{5}$

クイズ11

1.　白い玉を取り出す事象を成功と考えると、負の二項分布が考えられます。

2.　該当する製品の数は少ないと考えられるので、ポアッソン分布が適用できます。

3.　ある乗客が女性であるか否かを30人について考えるので、二項分布が適用できます。

4.　人数が4000人と多いので、正規分布が適用できます。

第4章

クイズ1

標本の大きさが40と比較的多いので、この標本平均は正規分布N(67,28/40)、つまり$N(67,0.7)$に近似的に従うと考えられます。次に65点と70点を標準化変換すると、$(65-67)/\sqrt{0.7}=-2.39$および$Z_{69}=(69-67)/\sqrt{0.7}=2.39$となります。正規分布表から$P(Z\geqq2.39)=0.0084$ですから$P(0\leqq Z\leqq2.39)=0.5-0.0084=0.4916$となります。確率密度曲線は平均0を中心として左右対称であるので、$P(-2.39\leqq Z\leqq2.39)=0.4916\times2=0.983$となります。

Excelでは関数=NORM.S.DIST（2.39,TRUE）にZの値を入れ、確率を求めるため、関数形式をTRUEとします。結果として下の図のように$P(Z\leqq2.39)=0.9916$を返してくるので、$P(0\leqq Z\leqq2.39)=0.9916-0.5=0.4916$を求め、この値を2倍にすれば$P(-2.39\leqq Z\leqq2.39)=0.4916\times2=0.983$となります。

クイズ2

サンプルの大きさ37が比較的大きいので、この標本平均に中心極限定理が適用できると考えられます。従って平均が60未満となる確率は式（3）を使って標準化変換すると、
$Z=(60-63)/(\sqrt{36}/\sqrt{(37-1)})=-3/(6/6)=-3$
が得られます。したがって、求める確率$P(Z<-3)$は正規分布表から（$P(Z>3)$と等しい値となるので）0.00135となります。

クイズ3

中心極限定理よりμは標本平均と等しいと考えられるので320g、σ^2は$20=\sigma^2/4$より$\sigma^2=80g^2$と推定できます。

クイズ4

製品Sについて中心極限定理より標本平均の期待値はμと等しいと考えられるので320g、分散は$\sigma^2/n=80/8=10g^2$と推定できます。したがって、標本平均は$N(320,10)$に従ったと考えられます。

　中心極限定理より μ は標本平均と等しいと考えられるので、8.6と推定できます。一方、σ^2 は $2.3 = \sigma^2/8$ より $\sigma^2 = 18.4$ と推定できます。したがって $\sigma = 4.29$ と推定できます。

　この2乗和は自由度4の χ^2 分布に従うと考えられます。巻末の χ^2 分布表を使うと、$P(9.49 \leqq x \leqq +\infty) = 0.05$ が得られます。

　式(8)において $T = \sqrt{(17-1)} \times (14.1-13)/\sqrt{4} = 2.2$ と計算されます。巻末の t 分布表（$\alpha = 0.05$）から自由度16で両側5％（片側2.5％）以下の領域に入るのは T が2.12以上または -2.12 以下の領域です。$T = 2.2 > 2.12$ はこの領域には入るため、このような結果が生じる確率は5％より小さいと判断できます。

　Excel関数 = T.DIST.2T(2.2,16) = 0.0429から5％より小さいと判断できます。

第5章

クイズ1

　平均の不偏推定量は標本平均と等しいので、71です。分散の不偏推定量は$n=8$より$36×8/(8-1)=41$となります。

クイズ2

　信頼水準が90%のとき$Z_1=1.65$です。式8より母平均μの信頼区間は次のように求められます。

$$295-\frac{\sqrt{64}}{\sqrt{25}}×1.65<\mu<295+\frac{\sqrt{64}}{\sqrt{25}}×1.65$$

これを計算すると、最終的に$292<\mu<298$となります。

クイズ3

　式(9)に$\overline{X}=56$、$s=\sqrt{25}=5$、$n=31$を代入します。t_1は自由度30で$\alpha=0.05$となる値ですから$t_1=2.04$です。したがって

$$-56-\frac{5×2.04}{\sqrt{31}}<\mu<56+\frac{5×2.04}{\sqrt{31}}$$

となり、これを計算して、$54.2<\mu<57.8$と推定できます。

クイズ4

　$n=9$、$U^2=7.0$、χ^2分布表から自由度$9-1=8$と信頼水準95%で$x_1$$=2.18$と$x_2=17.5$が得られます。これらを式(11)に代入すると、信頼区間は$8×7.0/17.5<\sigma^2<8×7.0/2.18$より$3.2<\sigma^2<25.7$となります。

クイズ5　　　Ⓐ0.192　Ⓑ0.192　Ⓒ0.192　Ⓓ120　Ⓔ0.192　Ⓕ0.192
　　　　　　Ⓖ0.192　Ⓗ120

クイズ1 Ⓐ$\frac{1}{6}$ Ⓑ300 Ⓒ$\frac{1}{6}$ Ⓓ300 Ⓔ$\frac{1}{6}$ Ⓕ300 Ⓖ$\frac{1}{6}$ Ⓗ$\frac{1}{6}$
Ⓘ300 Ⓙ50 Ⓚ6.45 Ⓛ0 Ⓜ1 Ⓝ50 Ⓞ6.45
Ⓟ1.96 Ⓠません Ⓡ正常でないとはいえない

ただし、ⒹとⒺ、ⒻとⒼの数値は交換可能です。

クイズ2

　帰無仮説としてこのサイコロは正常である、を考えます。すなわち、このサイコロで5の目が出る確率をpとすると、H_0は「p＝1/6である」、H_1は「このサイコロは5の目が出やすいか」を検定したいので「$p>1/6$」となります。したがって、片側検定（右側）を行うことになります。300回振って5の目が出る回数は2項分布Bi(300, 1/6) に従うと考えられます。したがってその平均と分散はクイズ1と同様に、$\mu=50$と$\sigma^2=6.45^2$となります。

　一方、サイコロを振る回数は300回と多いので、出る回数Xは正規分布$N(50, 6.45^2)$に従うとみなせます。従って、次の標準化変換をした統計量Zは$N(0, 1)$に従います。

$$Z = \frac{X-\mu}{\sigma}$$

$X=55$ですから$Z=(55-50)/6.45=0.775$となります。有意水準0.05のとき標準正規分布で右側検定の棄却域は$Z=1.65$以上の区間です。$Z=0.775<1.65$より図1bで示されるように$Z=0.775$は棄却域に入らないので、帰無仮説は棄却されません。したがって、このサイコロは5の目が出やすいとはいえないと判定されます。

クイズ3

　帰無仮説としてH_0「昨日の平均は通常の平均と等しい」を立て、次の検定統計量Zを計算します。

$$Z = \frac{\overline{X}-\mu}{\sigma/\sqrt{n}}$$

その結果、$Z=(68.2-70.1)/(8.9/\sqrt{36})=-1.28$となります。大小関係

を検定するので、片側（左側）検定をします。$-1.65 < Z = -1.28$ となり、Z は5％棄却域に入りません。その結果、仮説は棄却されず、通常の平均より低いとはいえないと判定されます。

クイズ4 Ⓐ31　Ⓑ62.3　Ⓒ8.5　Ⓓ30　Ⓔ1.70

クイズ5 Ⓐ988　Ⓑ7.6　Ⓒ40　Ⓓ40　Ⓔ右　Ⓕ1.65　Ⓖらない

クイズ6 Ⓐ0.55　Ⓑ135　Ⓒ280　Ⓓ0　Ⓔ1　Ⓕ1.96　Ⓖ1.96
Ⓗります　Ⓘなる

クイズ7 Ⓐ0.00741　Ⓑ0　Ⓒ1　Ⓓ0.0022　Ⓔ270　Ⓕ1.65

クイズ8

帰無仮説「CとDの平均点は等しい」を立てます。対立仮説は「CとDの平均点は異なる」とします。Excelを用いてz検定を行なうと、下の表のように$z = 1.46\cdots$は有意水準5％の棄却域$z > 1.96$に入らないため、有意差は認められず、CとDの平均が異なるとはいえないと判定されます。ここでp value $= 0.141\cdots$（> 0.05）です。

z-検定: 2標本による平均の検定

	変数1	変数2
平均	9.25	8.27778
既知の分散	9.11	6.66
観測数	36	36
仮説平均との差異	0	
z	1.46893	
P(Z<=z) 片側	0.07093	
z 境界値 片側	1.64485	
P(Z<=z) 両側	0.14185	
z 境界値 両側	1.95996	

クイズ9

各サンプルサイズは30未満であり、この検定はt検定を行ないます。最初に2クラスの点数の分散に差がないという帰無仮説を立てます。クラスCとDから得たサンプルの分散は下に示すようにF検定（両側2％）で分

散比が1.46で境界値4.79よりも小さく、有意な差はないと考えられます。p値も0.302と大きな値を示しています。

F-検定: 2標本を使った分散の検定

	変数1	変数2
平均	76.1111	79.7778
分散	48.1111	32.9444
観測数	9	9
自由度	8	8
観測された分散比	1.46037	
P(F<=f) 片側	0.30236	
F 境界値 片側	4.79	

次に二つの平均についてt検定（両側5％）を行なうと、次のような結果が得られます。t値は-1.22で、自由度16の棄却域（$t<-2.12$および$t>2.12$）には入りません。従って二つのクラスの平均に有意な差があるとはいえません。

t-検定: 等分散を仮定した2標本による検定

	変数1	変数2
平均	76.11111	79.77778
分散	48.11111	32.94444
観測数	9	9
プールされた分散	40.52778	
仮説平均との差異	0	
自由度	16	
t	-1.2218	
P(T<=t) 片側	0.119739	
t 境界値 片側	1.745884	
P(T<=t) 両側	0.239478	
t 境界値 両側	2.119905	

クイズ10

F-検定: 2標本を使った分散の検定

	変数1	変数2
平均	62.5	66.9
分散	232.2778	41.65556
観測数	10	10
自由度	9	9
観測された分散比	5.576154	
P(F<=f) 片側	0.0087	
F 境界値 片側	5.351129	

養鶏場CとDから得たデータの分散に差があるかをF検定（有意水準1％）します。その結果、次の表に示すように、分散比は5.57…と1から大きく離れ、F境界値片側の値よりも大きく、両分散に有意な差がみられます。

t-検定: 分散が等しくないと仮定した2標本による検定		
	変数1	変数2
平均	62.5	66.9
分散	232.278	41.6556
観測数	10	10
仮説平均との差異	0	
自由度	12	
t	-0.8407	
P(T<=t) 片側	0.20848	
t 境界値 片側	1.78229	
P(T<=t) 両側	0.41696	
t 境界値 両側	2.17881	

次に、分散が等しくないと仮定した場合のt検定を行なうと、左の表に示す結果が現れます。この問題では養鶏場CとDの鶏卵の重量平均の相違をみたいので、両側検定を行ないます。tの値-0.8407は棄却域（$t < -2.17\cdots$および$2.17\cdots < t$）に入らないので、帰無仮説は棄却されません。従って、養鶏場CとDの鶏卵の重量平均に有意な差はみられません。

クイズ11

「この食事療法によって療法前後の平均に差はない」と帰無仮説を立てます。対立仮説は効果があったか、つまり血圧が下がったかをみたいので、片側検定をします。Excelのデータ分析機能の「t検定：一対の標本」を使うと、次のような結果が得られます。$t = 3.02\cdots$は片側境界値$1.79\cdots$よりも大きく、棄却域に入るので、帰無仮説は棄却されます。p値も0.00575とかなり低い値です。従って、この食事療法は効果があったと判定されます。

t-検定: 一対の標本による平均の検定ツール		
	変数1	変数2
平均	159.167	154.167
分散	120.333	117.061
観測数	12	12
ピアソン相関	0.86222	
仮説平均との差異	0	
自由度	11	
t	3.02765	
P(T<=t) 片側	0.00575	
t 境界値 片側	1.79588	
P(T<=t) 両側	0.0115	
t 境界値 両側	2.20099	

クイズ12

標準正規分布$N(0,1)$でZが-1から1までの区間にある確率と同じですから、0.683です。

　各クラスに対する確率が遺伝の法則で3：2：2：1に従うと仮定すると、例えばクラスAの場合、$3/(3+2+2+1)=3/8$となります。したがって帰無仮説として「サンプルがクラスA, B, C, Dに属する確率はそれぞれ$3/8$, $2/8$, $2/8$, $1/8$である」を立てます。また、全試料数は合計すると320個ですから、各期待度数を求めることができます。例えばAでは$320×(3/8)=120$個と求められます。同様にB＝C＝80, D＝40です。次に、(観測度数−期待度数)^2/期待度数を求めると、Aでは$(113-120)^2/120=0.408$と計算され、式(7)の総和Xは0.933となります。一方、自由度で5％の棄却域はχ^2分布表から$X>7.81$となります。$X=0.933<7.81$は棄却域に入らず、この仮説は棄却されないため、この観察結果に有意差は認められず、遺伝の法則に従っていないとはいえないと判断されます。

　帰無仮説「食品Bはこの事件と関係がなかった（独立である）」を立て、観測度数から期待度数を求めると次の表のようになります。

	発症	非発症	小計
喫食	30.9	16.1	47
非喫食	19.1	9.9	29
小計	50	26	76

　これら2つの表から式(8)のXを計算すると0.895となります。χ^2分布表で5％棄却域は$X>3.84$です。Xの値は棄却域に入らないため、この仮説は棄却されません。従って、食品Bはこの事件と関連があるとはいえません。

　リスク比：$(29/47)/(21/29)=0.852$
　　　　　　　　オッズ比：$(29/18)/(21/8)=0.614$

第7章

クイズ1　　下の図のような解析結果が得られます。

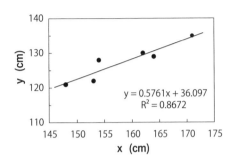

$y = 0.5761x + 36.097$
$R^2 = 0.8672$

クイズ2

Excelで重回帰分析を行なうと次の表に示された結果が得られます。

		係数	標準誤差	t	P-値
	切片	192.121	88.3538	2.17445	0.09533
科目A	X値1	−1.4885	1.38864	−1.0719	0.34414
科目B	X値2	4.43266	2.49129	1.77926	0.14981

従って合計点Sを推定する式は$S = -1.49A + 4.43 + 192$と表されます。
参考に実際の点数と推測した点数を図示すると次のようになります。

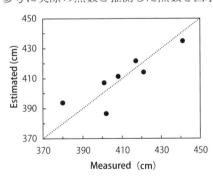

第8章

クイズ1
Ⓐ0.98　Ⓑ0.00001　Ⓒ98　Ⓓ2　Ⓔ10^{-5}　Ⓕ0.98
Ⓖ0.02　Ⓗ0.00049　Ⓘ49

クイズ2
Ⓐ0.05　Ⓑ0.95　Ⓒ10^{-5}　Ⓓ0.9999　Ⓔ90　Ⓕ10　Ⓖ95
Ⓗ10^{-5}　Ⓘ0.1　Ⓙ0.95　Ⓚ0.95　Ⓛ0.99999

クイズ3

$$P(B \mid R) = (0.3 \times 0.0002)/(0.6 \times 0.001 + 0.3 \times 0.002 + 0.1 \times 0.003)$$
$$= 6/15 = 0.4$$

クイズ4
Ⓐ$\dfrac{1}{2}$　Ⓑ$\dfrac{4}{7}$　Ⓒ$\dfrac{2}{5}$　Ⓓ$\dfrac{2}{5}$　Ⓔ$\dfrac{2}{5}$　Ⓕ$\dfrac{2}{5}$　Ⓖ0.412
Ⓗ$\dfrac{3}{5}$　Ⓘ$\dfrac{3}{7}$　Ⓙ$\dfrac{3}{5}$　Ⓚ$\dfrac{2}{5}$　Ⓛ$\dfrac{4}{7}$　Ⓜ$\dfrac{2}{5}$

クイズ5
Ⓐ二項　Ⓑ20　Ⓒ14　Ⓓ14　Ⓔ20　Ⓕ14　Ⓖ6　Ⓗ一様
Ⓘ1　Ⓙ積　Ⓚ14　Ⓛ6

索　引

付録
索引

●著者紹介

藤川　浩（ふじかわ　ひろし）
東京農工大学名誉教授、理学博士。専門は食品衛生学、公衆衛生学。著書に『Excelで学ぶ食品微生物学』（オーム社）、『生物系のためのやさしい基礎統計学』（講談社）、『実践　食品安全統計学－RとExcelを用いた品質管理とリスク評価』（NTS）など。

装丁、本文デザイン、DTP●株式会社RUHIA

演習で身につける
統計学入門

2021年10月9日　　初版　第1刷発行

著　者　　　藤川　浩
発行者　　　片岡　巌
発行所　　　株式会社技術評論社
　　　　　　東京都新宿区市谷左内町21-13
　　　　　　電話　03-3513-6150　販売促進部
　　　　　　　　　03-3267-2270　書籍編集部
印刷／製本　日経印刷株式会社

定価はカバーに表示してあります。

本書の一部または全部を著作権法の定める範囲を超え、無断で複写、複製、転載あるいはファイルに落とすことを禁じます。

©2021　藤川　浩

造本には細心の注意を払っておりますが、万一、乱丁（ページの乱れ）や落丁（ページの抜け）がございましたら、小社販売促進部までお送りください。送料小社負担にてお取り替えいたします。

ISBN978-4-297-12331-4　C3041
Printed in Japan

本書へのご意見、ご感想は、技術評論社ホームページ（https://gihyo.jp/）または以下の宛先へ、書面にてお受けしております。電話でのお問い合わせにはお答えいたしかねますので、あらかじめご了承ください。

〒162-0846
東京都新宿区市谷左内町 21-13
株式会社技術評論社　書籍編集部
『演習で身につける統計学入門』係
FAX：03-3267-2271